校企合作土木与建筑工程专业系列丛书
互联网+创新型“十四五”精品教材

装配式建筑施工技术（微课版）

主　编◎吴启红　刘俊英　于佛财
副主编◎马　骏　李文倩　唐优秀
张丽萍　王荣刚　段华春

哈尔滨工程大学出版社
Harbin Engineering University Press

内 容 简 介

本书共分为九个项目，内容涵盖装配式建筑概述，装配式建筑识图，装配式建筑构件生产制作，装配式建筑构件吊装、运输与存放，装配式建筑施工准备，装配式建筑构件安装施工，装配式建筑节点连接施工，装配式建筑施工安全管理，装配式建筑质量验收等。

本书内容翔实、深浅适度、可操作性强、适用面广，既可作为应用型本科、职业院校建筑工程管理专业的教材，也可供预制构件厂、建筑施工从业人员学习参考。

图书在版编目（CIP）数据

装配式建筑施工技术 ： 微课版 / 吴启红, 刘俊英, 于佛财主编. -- 哈尔滨 ： 哈尔滨工程大学出版社, 2025. 8. -- ISBN 978-7-5661-4825-4

Ⅰ. TU3

中国国家版本馆 CIP 数据核字第 20254EW191 号

装配式建筑施工技术（微课版）

ZHUANGPEISHI JIANZHU SHIGONG JISHU（WEIKE BAN）

选题策划 张林峰

责任编辑 宗盼盼

出版发行 哈尔滨工程大学出版社

社　　址 哈尔滨市南岗区南通大街 145 号

邮政编码 150001

电　　话 0451-82519989

经　　销 新华书店

印　　刷 唐山唐文印刷有限公司

开　　本 787 mm×1 092 mm 1/16

印　　张 13

字　　数 333 千字

版　　次 2025 年 8 月第 1 版

印　　次 2025 年 8 月第 1 次印刷

书　　号 ISBN 978-7-5661-4825-4

定　　价 49.80 元

http://www.hrbeupress.com

E-mail:heupress@hrbeu.edu.cn

前　言

党的二十大报告指出，“坚持尊重劳动、尊重知识、尊重人才、尊重创造，实施更加积极、更加开放、更加有效的人才政策”“着力形成人才国际竞争的比较优势”“加快建设国家战略人才力量”“深化人才发展体制机制改革……把各方面优秀人才集聚到党和人民事业中来”。

本书是根据高等职业教育土木建筑类专业的人才培养目标、教学计划、“装配式建筑施工技术”课程的教学特点和要求，结合国家大力发展装配式建筑的国家战略，并按照国家、省颁布的有关新规范、新标准编写而成的。

本书具有以下特色。

（1）内容全面。本书结合高等职业教育的特点，立足基本理论的阐述，注重实践技能的培养，遵循“工学结合，理实一体”的原则进行编排，采取“项目引导、任务驱动”模式，突出“做中学”“学中做”的基本理念。

（2）实用性强。除了讲授基础知识和技能外，本书还引导学生牢固树立法治观念，践行了职业精神和职业规范，并采用润物无声的方式将“课程思政”元素内化于教学任务中，培养学生具备爱国情怀、奉献精神、科学精神、工匠精神、创新意识等职业素养。

（3）易于自学。编者按照由浅入深的原则组织内容，确保学生能够轻松上手。装配式建筑具有独特的施工特点和技术要求。本书将从施工过程、材料选择、技术要求等方面进行分析。

本书由吴启红（成都大学）、刘俊英（张家口职业技术学院）、于佛财（云南轻纺职业学院）担任主编；由马骏（绵阳城市学院）、李文倩（沧州职业技术学院）、唐优秀（广西工业职业技术学院）、张丽萍（山东公路技师学院）、王荣刚（北京建工集团有限责任公司建筑工程总承包部）、段华春（重庆市北碚区建设工程质量监督站）担任副主编。本书的相关资料和售后服务可扫封底二维码或登录 www.bjzzwh.com 下载获得。

编者在编写本书的过程中参考了大量资料，在此向相关人员表示感谢。由于编者水平有限，书中难免存在不足之处，恳请广大读者批评指正并提出宝贵意见。

编　者

目 录

项目一

装配式建筑概述

项目导读

装配式建筑通过现代化的制造、运输、安装和科学管理的大工业生产方式，代替了传统建筑业中分散、低水平、低效率的手工业生产方式。装配式建筑的基本内涵是以绿色发展为理念，以技术进步为支撑，以信息管理为手段，运用装配式的生产方式，将工程项目的全过程形成一体化产业链。它的主要标志是建筑设计标准化、构配件生产工厂化、建筑施工机械化和组织管理科学化。本项目我们将学习装配式建筑概述。

学习目标

知识目标

1. 掌握装配式建筑的概念。
2. 熟悉装配式建筑的特点与分类。
3. 了解国内外装配式建筑的发展历程。
4. 掌握装配率指标内涵。

能力目标

1. 能分辨装配式建筑种类。
2. 会计算装配率。

素质目标

1. 培养爱岗敬业的职业素养。
2. 具备精益求精的专业精神。

思政目标

1. 培养学生树立装配式建筑在我国发展的信心。
2. 增强对国家建设的责任感和使命感。

任务一 装配式建筑的概念、特点与分类

任务描述

在开启装配式建筑施工技术学习前，我们要先了解装配式建筑的概念、特点与分类，以便对装配式建筑有一个初步而全面的认识。

任务分析

装配式建筑是用预制部品部件在工地装配而成的建筑。装配式建筑的特点有系统性、集成性，以及设计标准化、组合多样化、生产工厂化、施工装配化、管理信息化、应用智能化。装配式建筑按建筑材料种类的不同可分为装配式混凝土结构、装配式钢结构、装配式木结构、装配式混合结构。

任务实施

一、装配式建筑的概念

《国务院办公厅关于大力发展装配式建筑的指导意见》（国办发〔2016〕71 号）对装配式建筑进行了定义：装配式建筑是用预制部品部件在工地装配而成的建筑。

按照《装配式混凝土建筑技术标准》（GB/T 51231—2016）的定义，装配式建筑是“结构系统、外围护系统、设备与管线系统、内装系统的主要部分采用预制部品部件集成的建筑”。该定义强调装配式建筑 4 个系统（而不仅仅是结构系统）的主要部分采用预制部品部件集成。建筑物组成如图 1-1 所示。

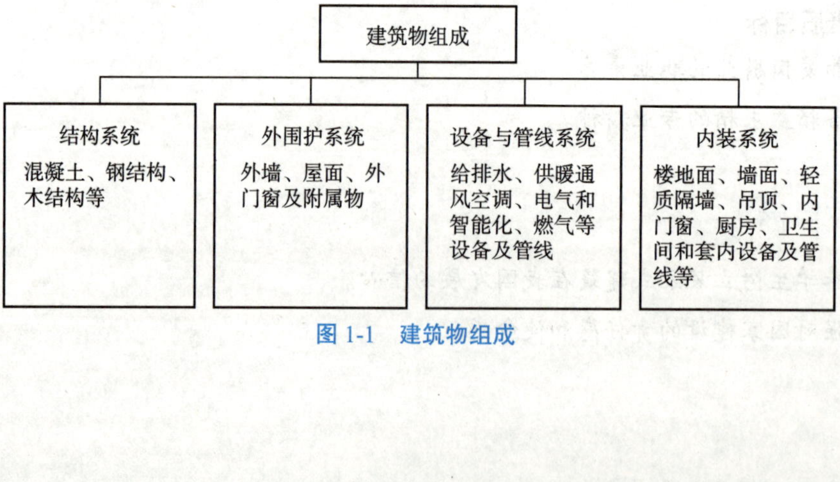

图 1-1 建筑物组成

在现代化工厂中，人们先预制好外墙、内墙、楼梯、阳台、飘窗等建筑组成部分（部品部件），然后运输到工地现场，经过快速组装之后，就成为装配式建筑。装配式住宅和传统现浇住宅的不同之处在于，其部分或全部构件是预制的，但运输到施工现场后它也要像传统现浇住宅一样进行浇筑，并不是大家想象中的“搭积木”。因此，装配式住宅建成后，其外观和传统现浇住宅并没有什么不同。

二、装配式建筑的特点

相对于混凝土现浇结构物的建造方式，装配式建筑在设计阶段、建造过程、管理体制上都具有独特的优势，在保证质量的同时，不仅能提高生产效率、改善施工环境，而且能显著优化工程质量和提高施工效益。

扫一扫

装配式建筑的特点

目前，学者们普遍认为装配式建筑具有以下特点。

（一）系统性、集成性

装配式建筑的关键在于系统集成化，将主体结构、围护结构和内装部品、设备管线等前置集成为完整的体系，体现出其整体优势。对于预制构件来说，其集成的技术越多，后续的施工环节就越容易。

（二）设计标准化、组合多样化

建筑行业实现产业化发展的关键是构件生产实现产业化，而生产是否能够实现产业化的关键是设计标准化。装配式建筑设计阶段应遵循“少规格，多组合”的设计原则，提高项目标准化程度，降低生产成本。

相对于混凝土现浇结构，装配式建筑的显著特点是模块化设计和生产，要求构件的类型、尺寸和材料等保持一致性，可极大地缩短设计周期，减少设计成本和造价，也可方便构件的制作、运输和安装，保证构件的质量，缩短施工周期。

（三）生产工厂化

装配式建筑的构件先在工厂内完成生产制作，再运输到项目现场进行拼装。生产工厂化是指通过整合生产资源，运用先进的生产设备，制造高质量的预制构件，从而减少项目现场的湿作业和环境污染。装配式建筑的核心特点就是构配件生产工厂化，它不仅具有大批量和高效率的特点，而且能最大限度地保证构配件的生产质量。

（四）施工装配化

构件生产在工厂内完成，运输到项目现场再装配安装形成建筑主体。施工装配化有助于减小环境、工序等因素对项目施工的影响，让施工过程更加高效便捷。施工装配化与传统混凝土现浇作业相比，装配式建筑受气候和环境的影响较小。施工装配化的显著特点是机械化程度高、现场工作量小、作业人员少、安全事故率低且施工效率高，不仅节能环保，还降低对周围环境的干扰。

（五）管理信息化

装配式建筑引入建筑信息模型（BIM）、射频识别（RFID）、虚拟现实（VR）等先进信息化辅助技术，有助于提高项目可视化管理，减少尺寸误差、图纸错漏、设计变更等因素造成的项目工期延期、质量不达标、成本超支等问题。在建设项目全寿命周期中，相对于构件生产和安装来说，信息化管理也十分重要。信息化辅助技术是实现设计、施工、运营方全过程监控和信息化管理的重要工具，能极大地提高装配式建筑的工程质量和施工效率。

（六）应用智能化

在信息化时代下，智能化是房屋产品的必然趋势。装配式建筑也必然会走智能化设计、生产、施工及智能化运维管理的路线，实现建设领域的技术创新、产品创新、管理创新和机制创新。

拓展阅读

装配式建筑的优缺点

一、装配式建筑的优点

1. 保证质量

预制构件由工厂统一生产制造，按照工序，在封闭的生产流水线上生产。作业流程具有机械化、自动化程度高等特点，混凝土浇筑和养护、预留孔洞、钢筋绑扎连接等生产工艺在工厂严格按照标准生产，保证预制构件满足设计和装配要求，从而确保构件质量。工厂化生产的预制构件具有平整度高、尺寸准确、外观好等特点，并有质量检查记录、检查时间、生产计划等，具备良好的质量追溯制度，保障了构件生产质量。

2. 缩短工期

楼梯、叠合板、柱、梁等构件在工厂生产，减少了施工现场浇筑工作量，省去了支护模板、墙面抹灰等工序，减少了施工时间，缩短了项目整体工期。传统混凝土现浇的建造方式，受冬季寒冷天气和夏季梅雨天气的影响，施工进度慢，工期变长。而装配式建筑受冬季寒冷天气和夏季梅雨天气的影响较小，预制构件在工厂完成，能够保证项目工期，顺利完成生产。

3. 节能环保

混凝土现浇作业，需要大量的材料、机械设备和施工人员，造成施工现场材料、机械、人员、物料管理难度大，同时对环境造成噪声污染、水污染、固体废弃物污染等。装配式建筑的构配件，在工厂流水线中生产制造，有效地减少了环境污染。装配式建筑构件预制完成后，通过可靠的连接方式进行拼接装配，从而减少了混凝土的损耗量，更加节能环保。

4. 安全可靠

混凝土现浇作业需要大量模板、脚手架，并且是高空作业，有较多大型机械设备，施工现场人员流动大、机械设备进出场次多、施工环境复杂、安全隐患多，给施工项目安全管理带来了较大难度。在装配式建筑施工过程中，工厂生产的构件运输到施工现场后，由专业安装队伍按照施工标准完成装配，现场仅需要临时支撑，无须外围脚手架，施工现场干净整洁，大大降低了安全隐患。工厂化生产的预制构件具有精度高、平整度高等特点，可防止预制构件出现渗漏、露筋等质量问题，从而提高了建筑物的整体安全性、稳定性及防火性。

二、装配式建筑的缺点

1. 连接点的安全隐患大

现浇混凝土建筑一个构件内钢筋在同一截面连接接头的数量不能超过钢筋总数量的 50%，而装配式建筑一层楼所有构件的钢筋都在同一截面连接，连接结构制作和施工比较复杂，连接点出现结构安全隐患的概率大。

2. 对误差和遗漏的宽容度低

构件连接误差大了几毫米就无法安装，预制构件内的预埋件和预埋物一旦遗漏也很难补救，要么重新制作构件造成经济损失和工期延误，要么采取不合规的补救措施，容易留下安全隐患。

3. 对后浇混凝土的依赖

装配式建筑依赖后浇混凝土，导致构件制作出筋多，现场作业环节复杂。

4. 适用高度降低

装配式建筑的适用高度与现浇混凝土结构比较有所降低，降低幅度与结构体系、连接方式有关，一般降低 10 ~ 20 m，最多降低 30 m。

5. 自重大，造价高

装配式建筑楼板和梁采用的是叠合板与叠合梁，比现浇混凝土结构要厚，现浇板厚 8 ~ 10 cm，叠合板厚 13 ~ 15 cm，造成建筑本身自重大。目前构件生产还没有采用标准构件生产，基本处于定制状态，造成模板周转率不高，安装更换模板频繁。另外，装配式建筑施工工人都是由传统建筑工人转型而来的，对装配式建筑安装施工操作不熟练，劳动效率低，装配式建筑应有的优势没有体现出来，因此造成目前装配式建筑成本比传统现浇混凝土结构成本高。

随着装配式建筑的深入发展，其优点会越来越明显。因此，装配式建筑的发展是大势所趋。

三、装配式建筑的分类

装配式建筑按建筑材料种类的不同可分为装配式混凝土结构、装配式钢结构、装配式木结构、装配式混合结构，如图 1-2 所示。

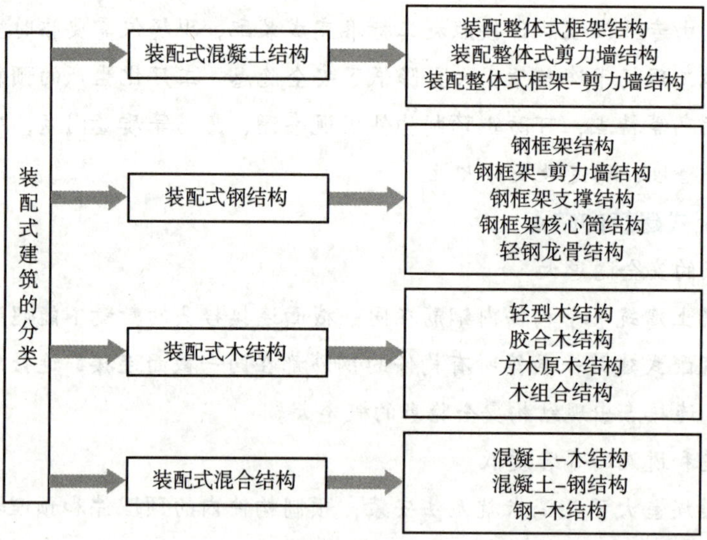

图 1-2　装配式建筑的分类

（一）装配式混凝土结构

装配式混凝土结构就是主体结构部分或全部采用预制混凝土构件装配而成的钢筋混凝土结构，简称装配式结构。混凝土材料来源广泛，适用范围广，耐久性好，可以制作成各种形状，造价低廉，是目前使用最广泛的建筑材料，而装配式混凝土建筑也是世界上应用最多的装配式建筑。本书主要讲述的就是装配式混凝土结构。装配式混凝土建筑如图 1-3 所示。

图 1-3　装配式混凝土建筑
（沈阳市丽水新城，辽宁省第一个装配式公租房建筑）

装配式混凝土结构按照承重方式不同可分为装配整体式框架结构、装配整体式剪力墙结构、装配整体式框架 - 剪力墙结构。人们应采取可靠的构造措施及施工方法保证装配整体式钢筋混凝土结构中的预制构件之间或者预制构件与现浇构件之间的节点或接缝的承载力、刚度和延性不低于现浇钢筋混凝土结构，使装配整体式钢筋混凝土结构的整体性能与现浇钢筋混凝土结构基本相同，此类装配整体式结构称为等同现浇装配式混凝土结构。

1. 装配整体式框架结构

装配整体式框架结构是混凝土结构全部或部分采用预制柱或叠合梁、叠合板等构件，通过节点部位的后浇混凝土或叠合方式形成的具有可靠传力机制并满足承载力和变形要求的框架结构。

2. 装配整体式剪力墙结构

装配整体式剪力墙结构是混凝土结构部分或全部采用承重预制墙板，通过节点部位的后浇混凝土形成的具有可靠传力机制并满足承载力和变形要求的剪力墙结构。装配整体式剪力墙结构包括：内外墙均为预制、连接节点部分现浇的剪力墙结构（简称全预制剪力墙结构）；内墙现浇、外墙全部或部分预制、连接节点部分现浇的剪力墙结构（简称部分预制剪力墙结构）。

3. 装配整体式框架 - 剪力墙结构

装配整体式框架－剪力墙结构是主体结构的框架或剪力墙部分采用预制构件形成的具有可靠传力机制并满足承载力和变形要求的框架－剪力墙结构。

（二）装配式钢结构

装配式钢结构就是主体结构由钢构件装配的建筑结构，构件由工厂预制生产，在施工现场装配而成。钢结构具有强度高、质量小、施工方便、节点连接简单、质量容易控制等优点，曾经是装配式建筑的主要结构形式，但由于钢结构的防火性、防腐性不好，造价高，使用舒适性不好，因此在住宅建筑中应用较少。装配式钢结构建筑如图 1-4 所示。

（三）装配式木结构

装配式木结构就是由木结构承重构件组成的，结构系统、外围护系统、设备管线系统和内装系统的主要部分采用工厂预制生产，在施工现场装配而成的结构。木材是最古老的建筑材料，北京故宫等古建筑都是采用的木结构，但是木材纵、横向力学性能差异较大，防火、防腐、防虫蛀问题难以解决，且我国木材资源不足，制约了木结构建筑的发展。装配式木结构建筑如图 1-5 所示。

（四）装配式混合结构

装配式混合结构就是由多种材料制成预制构件，在施工现场装配而成的建筑结构。装配式混合结构的主要材料是混凝土和钢材。混合结构利用了不同材料各自的优点，进一步提高了装配式建筑的经济性和适用性，使装配式建筑的发展前景更加广阔。

图 1-4 装配式钢结构建筑（北京鸟巢）

图 1-5 装配式木结构建筑

任务二 装配式建筑的发展历程及发展前景

任务描述

了解了装配式建筑的国内外发展历程及发展前景后，我们会更加了解装配式建筑，也会找到我国为何要大力发展装配式建筑的原因。

任务分析

装配式结构是建筑工业化的一种结构形式，萌芽于20世纪初期，在第二次世界大战后，英国工程师 John Alexander Brodie 提出了装配式公寓的设想。建筑工业化及装配式建筑，兴起于欧洲，而后逐步被推广到美国、加拿大、日本、新加坡及中国。20世纪末，装配式结构被广泛应用于工业与民用建筑、桥梁、水工建筑等不同结构领域。随着全球向绿色低碳转型和可持续发展的呼声日益高涨，装配式建筑作为建筑行业的新兴力量，展现出了巨大的发展潜力和广阔的市场前景。近年来，我国政府对装配式建筑的发展给予了高度重视，并通过连续发布多项政策来推动其快速发展。

任务实施

一、国内外装配式建筑的发展历程

（一）国外装配式建筑的发展历程

20世纪50年代，欧洲受到第二次世界大战的严重创伤，对建设住宅的需求量非常大。

为解决“房荒”问题，欧洲一些国家采用了工业化方式建造了大量住宅，形成了一套完整的、标准的、系列化的住宅体系，并延续至今。20 世纪 60 年代，住宅建筑工业化的高潮遍及欧洲各国，并发展到美国、加拿大、日本等经济发达国家。瑞典是世界上住宅工业化较发达的国家之一，其 80% 的住宅采用以通用部件为基础的住宅体系；目前，美国有 34 家专门生产单元式建筑的公司。从住宅的结构体系来看，国外也已开发出木结构、钢结构、钢筋混凝土结构的工厂化生产体系，并不断提高住宅产品的性能指标。

随着科学技术的不断发展，社会对住宅的需求经历了一个“注重数量→数量与质量并重→质量第一→个性化、多样化、高环境质量”的发展阶段。

1. 美国

美国早期的装配式建筑外形比较呆板，千篇一律。17 世纪美洲移民时期所用的木构架拼装房屋，就是一种装配式建筑。20 世纪 70 年代，美国恰逢第一次能源危机，建筑界开始致力于实施配件化施工和机械化生产；美国国会于 1976 年通过了《国家工业化住宅建造及安全法案》；同年在严格的联邦法案指导下，美国住房和城市发展部（HUD）出台了一系列行业标准。其中 HUD 强制性规范的《制造装配住宅建造和安全标准》一直沿用至今，并与后来的美国建筑体系逐步融合。美国城市住宅结构基本上以工厂化、混凝土装配式和钢结构装配式为主，降低了建设成本，提高了工厂通用性，增加了施工的可操作性。总部位于美国的预制 / 预应力混凝土协会（PCI）编制的《PCI 设计手册》就包括了装配式结构相关的部分。该手册不仅在美国，乃至在国际上都具有非常广泛的影响力。

2. 法国

法国是世界上推行装配式建筑最早的国家之一，1891 年就已实施了装配式混凝土的建设，迄今已有 130 多年的历史。法国装配式建筑的特点如下。

（1）以预制装配式混凝土结构为主，构造体系中预应力混凝土装配式框架结构体系装配率达到 80%。

（2）以钢、木结构体系为辅，多采用框架或板柱体系，并逐步向大跨度发展。

法国建筑工业化呈现的特点如下。

（1）焊接连接等干法作业流行。

（2）结构构件与设备、装修工程分开，减少预埋，使得生产和施工质量提高。

（3）主要采用预应力混凝土装配式框架结构体系，在装配率达到 80% 的同时，减少了脚手架用量的 50%，节能可达到 70%。

3. 德国

德国主要采用叠合板混凝土剪力墙结构体系，剪力墙板、梁、柱、楼板、内隔墙板、外挂板、阳台板、空调板等构件采用预制与现浇混凝土相结合的建造方式，并注重保温节能特性。德国是世界上建筑能耗降低幅度发展最快的国家，并在近几年提出零能耗的被动式建筑。从大幅度的节能到被动式建筑，德国都采取了装配式住宅来实施，这就需要装配式住宅与节能标准充分融合。目前德国已形成系列化、标准化的高质量、节能的装配式住宅生产体系。

4. 英国

1998 年，英国政府委托建筑领域的专家完成的《建筑生产反思》报告中明确提出了英国建筑生产领域需要通过新产品开发、集约化组织、工业化生产来实现下列具体目标：成本降低 10%、时间缩短 10%、可预测性提高 20%、缺陷率降低 20%、事故发生率降低 20%、劳动生产率提高 10%，最终实现产值利润率提高 10%。为此，英国掀起了一场建筑领域生产方式的革命，单元式建筑得到了较快的发展。

5. 瑞典和丹麦

瑞典和丹麦早在 20 世纪 50 年代初就已有大量企业开发了混凝土、板墙装配的部件。目前，新建住宅之中通用部件占到 80%，既满足多样性的需求，又达到了 50% 以上的节能率，这种新建建筑比传统建筑的能耗有大幅度的下降。丹麦是一个将模数法制化应用在装配式住宅的国家，国际标准化组织出台的《模数协调标准》就是以丹麦的标准为蓝本编制的。故丹麦推行建筑工程化的途径实际上是以产品目录设计为标准的体系，使部件达到标准化，然后在此基础上，实现多元化的需求，所以丹麦建筑实现了多元化与标准化的和谐统一。

6. 日本

日本于 1968 年提出装配式住宅的概念。1990 年，日本采用部件化、工厂化生产方式，提高了生产效率，实现了住宅内部结构可变，以适应多样化的需求。所以，日本有一个非常鲜明的特点，即从一开始就追求中高层住宅的配件化生产体系，这种生产体系能满足日本人口比较密集的住宅市场的需求。更重要的是，日本通过立法来保证混凝土构件的质量，在装配式住宅方面制定了一系列的方针政策和标准，同时也形成了统一的模数标准，解决了标准化、大批量生产和多样化需求这三者之间的矛盾。日本关于装配式住宅方面的标准包括建筑标准法、建筑标准法实施令、国土交通省告示及通令、协会（学会）标准、企业标准等，涵盖了设计、施工等内容。1963 年成立的日本预制建筑协会在推进日本预制技术的发展方面做出了巨大贡献，该协会先后制定了预制装配式混凝土（PC）工法焊接技术资格认证制度、预制装配住宅装潢设计师资格认证制度、PC 构件质量认证制度、PC 结构审查制度等，编写了《预制建筑技术集成》丛书，包括剪力墙预制混凝土、剪力墙式框架预制钢筋混凝土及现浇同等型框架预制钢筋混凝土等。日本建造的预制混凝土结构经受住了 1995 年阪神 7.3 级大地震的考验。

7. 新加坡

新加坡自20世纪90年代初开始尝试采用预制装配式技术开发装配式住宅。

新加坡开发的15～30层的单元化的装配式住宅，占全国总住宅数量的80%以上。新加坡通过平面布局、部件尺寸和安装节点的重复性来实现标准化；以设计为核心实现施工过程的工业化，相互之间配套融合，使装配率达到70%。

发达国家和地区装配式住宅发展大致经历了三个阶段：第一阶段是工业化形成的初期，这一阶段重点建立工业化生产（建造）体系；第二阶段是工业化的发展期，这一阶段逐步提高产品（住宅）的质量和性价比；第三阶段是工业化发展的成熟期，这一阶段进一步降低了住宅的物耗和环境负荷，发展资源循环型住宅。发达国家和地区的实践证明，利用工业化的生产手段是实现住宅建设低能耗、低污染，达到资源节约、提高品质和效率的根本途径。

（二）国内装配式建筑的发展历程

我国建筑业工业化历程大致可分为四个阶段：建筑工业化最早期、建筑工业化起伏期、建筑工业化提升期、建筑工业化快速发展期。

在20世纪50年代建筑工业化最早期阶段，我国开始学习苏联的多层砖混经验。1950—1975年，我国全面学习苏联，包括各式建筑设计规范全部译自俄文。其间，国务院印发的《国务院关于加强和发展建筑工业的决定》，强调了建筑业必须积极地往“设计标准化、构件生产工业化、施工机械化”方向发展。在国家的推动下，当时几乎所有的建筑都有“预制装配元素”。

1976—1995年，我国建筑工业化步入了20年漫长的起伏期，经历了停滞、发展、再停滞的波折。1976年唐山大地震后，经调查表明，按照当时规范而建造的预制装配式建筑抗震性能差，倒塌严重。震后全国划分了抗震烈度区，颁布了新的建筑抗震设计规范，现浇板成为主流。随后，国家提出了“四化、三改、两加强”，建筑工业化迎来一轮高峰，标准化设计体系快速建立，大批大板建筑、砌块建筑纷纷落地。20世纪80年代末，因防水、冷桥、隔音等一系列问题的出现，加之现浇混凝土机械化的出现，装配式建筑的发展再次骤然止步。

1996—2015年，我国建筑工业化进入了提升期。1999年发布的《关于推进住宅产业现代化提高住宅质量的若干意见》，明确了住宅产业现代化的发展目标、任务、措施等。2013年，住房和城乡建设部印发的《“十二五”绿色建筑和绿色生态区域发展规划》，首次明确提出了我国要加快形成装配式混凝土、钢结构等工业化建筑体系。但住房的商品化、多样化要求，大量廉价劳动力进城就业等因素致使现浇体系大规模发展，此阶段装配式建筑占比依旧较低，发展缓慢。

从 2016 年开始，我国建筑工业化步入快速发展期。“十三五”以来，《中共中央 国务院关于进一步加强城市规划建设管理工作的若干意见》发布后，装配式建筑市场规模呈显著的加速发展态势，我国建筑工业化正式步入快速发展期。

数据显示，2023 年我国装配式建筑市场规模约为 17 381 亿元，其中装配式混凝土结构市场规模约为 11 135 亿元，装配式钢结构市场规模约为 6 246 亿元。从新开工面积来看，2023 年我国装配式建筑新开工面积约为 7.5 亿平方米，约占全国新建建筑面积的 28.5%。其中，装配式混凝土结构建筑约占 65%，装配式钢结构建筑约占 30%。

二、我国装配式建筑的发展前景及趋势

目前我国装配式混凝土结构处于快速发展期，近两年，国家出台了很多有利于装配式建筑行业发展的政策。

2022 年 1 月，住房和城乡建设部发布的《“十四五”建筑业发展规划》，提出大力发展装配式建筑，完善钢结构建筑标准体系，到 2035 年，装配式建筑占新建建筑的比例达 30% 以上。

2022 年 3 月，《“十四五”建筑节能与绿色建筑发展规划》指出，大力发展钢结构建筑，鼓励医院、学校等公共建筑优先采用钢结构建筑，积极推进钢结构住宅和农房建设，完善钢结构建筑防火、防腐等性能与技术措施。在商品住宅和保障性住房中积极推广装配式混凝土建筑，完善适用于不同建筑类型的装配式混凝土建筑结构体系，加大高性能混凝土，高强钢筋和消能减震、预应力技术的集成应用。

2023 年 2 月，中共中央、国务院印发了《质量强国建设纲要》，鼓励企业建立装配式建筑部品部件生产、施工、安装全生命周期质量控制体系，推行装配式建筑部品部件驻厂监造。

从以上政策可以看出，装配式建筑具有广阔的发展空间。未来，我国装配式建筑将呈现以下发展趋势。

（1）标准化、模数化。随着装配式建筑的需求不断增加，建筑构件的标准化和模数化程度将不断提高，以提高生产效率，降低成本，方便施工。

（2）工业化。装配式建筑的最大优势在于其工业化生产方式，未来中国装配式建筑将更加注重生产流程的优化和自动化，以提高生产效率和质量。

（3）绿色化。绿色建筑是未来建筑业的发展趋势，装配式建筑将更加注重节能、环保、可再生能源等方面的应用，以实现可持续发展。

（4）智能化。随着物联网、大数据等技术的应用，未来装配式建筑将更加注重智能化，实现信息化管理和智能化施工，以提高建筑的效率和品质。

总的来说，未来我国装配式建筑的发展前景广阔，将呈现出标准化、工业化、绿色化

和智能化的趋势，同时也将面临挑战，如技术、人才等方面的不足。因此，我国需要不断加强技术研发、人才培养和产业协同，以推动装配式建筑的可持续发展。

任务三 装配式建筑技术指标及计算方法

任务描述

装配率是评价装配式建筑的重要指标之一，也是政府制定装配式建筑扶持政策的主要依据指标。我们要学习装配式建筑工程技术，一定要通晓装配式建筑技术指标：装配率的计算。

任务分析

各地对装配式建筑的考核大多只要求装配率，少数地区除了要求装配率外对预制率也有要求。装配率的计算方法较为复杂，且国家标准和各地标准均不相同。在本任务中，我们将学习全国和各地方装配式建筑装配率计算细则、装配式建筑装配率的计算方法以及装配式建筑评价与等级划分。

任务实施

一、基本概念

（1）工业化建筑：采用以标准化设计、工厂化生产、装配化施工、一体化装修和信息化管理等为主要特征的工业化生产方式建造的建筑。

（2）预制率：工业化建筑室外地坪以上的主体结构和围护结构中，预制构件部分的混凝土用量占对应部分混凝土总用量的体积比。

（3）装配率：工业化建筑中预制构件、建筑部品的数量（或面积）占同类构件或部品总数量（或面积）的比率。

（4）预制装配率：根据预制率与装配率的不同综合确定。

其中，装配率是评价装配式建筑的重要指标。2017 年 12 月 12 日，住房和城乡建设部发布的《装配式建筑评价标准》（GB/T 51129—2017），给出了装配率的定义，同时，明确了装配率的计算公式。装配率是指单体建筑室外地坪以上的主体结构、围护墙和内隔墙、装修和设备管线等采用预制部品部件的综合比例。

拓展阅读

全国和各地方装配式建筑装配率计算细则

自2016年9月27日国务院办公厅发布《关于大力发展装配式建筑的指导意见》（国办发〔2016〕71号）文件后，各地陆续出台了发展装配式建筑的指导意见和相关配套措施。在国办发〔2016〕71号文件发布之后，全国和各地方的装配式建筑装配率计算细则，见表1-1。

表1-1　全国和各地方装配式建筑装配率计算细则

序号	实施区域	颁布日期	发布单位	文号	标题
1	江苏省	2017年1月	江苏省住房和城乡建设厅	苏建科〔2017〕39号	省住房和城乡建设厅关于发布《江苏省装配式建筑预制装配率计算细则（试行）》的通知
2	石家庄市	2017年4月	石家庄市住房和城乡建设局	石住建办〔2017〕116号	石家庄市住房和城乡建设局关于印发《石家庄市装配式建筑装配率计算办法（试行）》的通知
3	湖北省	2017年7月	湖北省住房和城乡建设厅	鄂建文〔2017〕43号	湖北省住房和城乡建设厅关于印发《湖北省装配式建筑装配率计算规则（试行）》的通知
4	全国	2017年12月	中华人民共和国住房和城乡建设部	中华人民共和国住房和城乡建设部公告第1773号	住房和城乡建设部关于发布国家标准《装配式建筑评价标准》的公告
5	重庆市	2021年1月	重庆市住房和城乡建设委员会	渝建科〔2021〕4号	重庆市住房和城乡建设委员会关于印发《重庆市装配式建筑装配率计算细则（2021版）》的通知

注：按文件颁布日期排序。

二、计算方法

装配式建筑装配率应根据表1-2中评价项分值按下式计算：

$$P=\frac{Q_1+Q_2+Q_3}{100-Q_4}\times 100\% \tag{1-1}$$

式中 P——装配式建筑装配率；

Q_1——主体结构指标实际得分值；

Q_2——围护墙和内隔墙指标实际得分值；

Q_3——装修和设备管线指标实际得分值；

Q_4——评价项目中缺少的评价项分值总和。

表 1-2 装配式建筑评分计算表

评价项		评价要求	评价分值	最低分值
主体结构（50 分）	柱、支撑、承重墙、延性墙板等竖向构件	35% ≤比例≤ 80%	20 ～ 30*	20
	梁、板、楼梯、阳台、空调板等构件	70% ≤比例≤ 80%	10 ～ 20*	
围护墙和内隔墙（20 分）	非承重围护墙非砌筑	比例≥ 80%	5	10
	围护墙与保温、隔热、装饰一体化	50% ≤比例≤ 80%	2 ～ 5*	
	内隔墙非砌筑	比例≥ 50%	5	
	内隔墙与管线、装修一体化	50% ≤比例≤ 80%	2 ～ 5*	
装修和设备管线（30 分）	全装修	—	6	6
	干式工法楼面、地面	比例≥ 70%	6	—
	集成厨房	70% ≤比例≤ 90%	3 ～ 6*	
	集成卫生间	70% ≤比例≤ 90%	3 ～ 6*	
	管线分离	50% ≤比例≤ 70%	4 ～ 6*	

注：表中带“*”项的分值采用“内插法”计算，计算结果取小数点后一位。

各部位的详细计算方法见《装配式建筑评价标准》（GB/T 51129—2017）的相关规定。

三、评价与等级划分

当项目主体结构竖向构件中预制部品部件的应用比例不低于 35%，且同时满足下列规定时，可进行装配式建筑评价。

（1）主体结构部分的评价分值不低于 20 分。

（2）围护墙和内隔墙部分的评价分值不低于 10 分。

（3）采用全装修。

（4）装配率不低于 50%。

装配式建筑评价结果应划分为 A 级、AA 级、AAA 级，并应符合下列规定。

（1）装配率达到 60% ～ 75% 时，评价为 A 级装配式建筑。

（2）装配率达到 76% ～ 90% 时，评价为 AA 级装配式建筑。

（3）装配率达到 91% 及以上时，评价为 AAA 级装配式建筑。

项目小结

装配式建筑作为一种新型的建筑方式，具有显著的优势和发展潜力。本项目通过对装配式建筑概念、特点、分类的介绍，对装配式建筑发展历程和前景的分析，以及对技术指标和计算方法的讲述，让读者对装配式建筑有一个初步的了解，为接下来的学习打下坚实的知识基础。

项 目 工 单

一、任务名称

装配式建筑文件收集。

二、任务描述

收集近 5 年国家和你所在地区出台的关于装配式建筑的政策文件，并将相关文件信息填入表 1-3 中。

表 1-3 装配式建筑政策文件汇总表

序号	时间	发布单位	文件名称	重点内容

收集近 5 年国家和你所在地区出台的关于装配式建筑的标准类文件，并将相关文件信息填入表 1-4 中。

表 1-4 装配式建筑标准类文件汇总表

序号	时间	发布单位	文件名称

三、分组讨论

以 3 ～ 5 人为一组，选出组长并进行任务分工，将小组成员及分工情况填入表 1-5 中。

表 1-5 小组成员及分工情况

班级： 组号： 指导教师：

小组成员	姓名	学号	任务分工
组长			
组员			

四、任务思考

（1）收集了装配式建筑政策文件后，对你学习装配式建筑施工设计这门课有什么启发？

（2）收集了装配式建筑标准类文件后，你有哪些收获？

五、实施过程

按实际操作步骤，将实施内容、遇到的问题及解决办法等记录于表 1-6 中。

表 1-6 工作实施过程记录表

序号	实施内容	遇到的问题及解决办法	结果

六、任务评价

各组展示任务完成情况，并完成考核评价表（表 1-7）。

表 1-7　考核评价表

<table>
<tr><th rowspan="2">项目名称</th><th rowspan="2" colspan="2">评价内容</th><th rowspan="2">满分 / 分</th><th colspan="3">评分 / 分</th></tr>
<tr><th>自评</th><th>互评</th><th>师评</th></tr>
<tr><td rowspan="3">职业素养考核项目</td><td colspan="2">考勤、纪律意识</td><td>10</td><td></td><td></td><td></td></tr>
<tr><td colspan="2">团队交流与合作意识</td><td>10</td><td></td><td></td><td></td></tr>
<tr><td colspan="2">参与主动性</td><td>10</td><td></td><td></td><td></td></tr>
<tr><td rowspan="5">专业能力考核项目</td><td colspan="2">积极参与教学活动并正确理解任务要求</td><td>10</td><td></td><td></td><td></td></tr>
<tr><td colspan="2">认真查找与任务相关的资料</td><td>10</td><td></td><td></td><td></td></tr>
<tr><td colspan="2">任务实施过程记录表的完成度</td><td>10</td><td></td><td></td><td></td></tr>
<tr><td colspan="2">对装配式建筑文件的了解程度</td><td>20</td><td></td><td></td><td></td></tr>
<tr><td colspan="2">独立完成相应任务的程度</td><td>20</td><td></td><td></td><td></td></tr>
<tr><td colspan="3">合计</td><td>100</td><td></td><td></td><td></td></tr>
<tr><td rowspan="2">总评</td><td rowspan="2">自评（20%）+ 互评（20%）+ 师评（60%）=</td><td>综合等级</td><td colspan="4" rowspan="2">指导教师（签名）：</td></tr>
<tr><td></td></tr>
</table>

课后练习

一、填空题

1. 装配式建筑按材料种类不同可分为装配式______结构、装配式______结构、装配式______结构、装配式______结构。

2. 装配式混凝土结构按照承重方式的不同可分为装配整体式______结构、装配整体式______结构、装配整体式______结构。

3. 预制率按______部位进行计算。

4.《“十四五”建筑业发展规划》提出大力发展装配式建筑，完善钢结构建筑标准体系，到 2035 年，装配式建筑占新建建筑的比例达______以上。

5. 装配率达到______及以上时，评价为 AAA 级装配式建筑。

二、简答题

1. 简述装配式建筑的特点。

2. 试述中国装配式建筑的发展趋势。

项目二

装配式建筑识图

项目导读

识图是建筑行业的一项重要的技能。一个单位工程的施工图纸，少至几张、几十张，多则上百张。这么多的图纸要有步骤地看，有重点地看，相互联系起来看，才能把它看懂，才能在施工中不出差错。本项目我们将学习装配式建筑识图。

学习目标

知识目标

1. 熟悉装配式建筑工程图制图规则。

2. 熟悉装配式混凝土结构（剪力墙结构）施工图表示方法。

3. 了解装配式建筑施工图表示方法示例。

能力目标

1. 认识装配式建筑施工图的常用图例。

2. 能正确识读预制剪力墙平面布置图、水平后浇带平面布置图、叠合板平面布置图、预制楼梯平面布置图、预制阳台板或空调板平面布置图、预制女儿墙平面布置图。

3. 能正确识读预制剪力墙表、后浇带表、预制底板表、接缝表、预制楼梯表、预制阳台表、预制女儿墙表。

素质目标

1. 培养客观、严谨的科学态度。

2. 培养独立思考、综合分析问题的能力。

思政目标

1. 培养科技筑梦、强国有我的坚定信念。

2. 具备关心国家发展、参与祖国建设的主人翁意识。

任务一 装配式建筑工程图制图规则

任务描述

土建工程施工图，一般可分为建筑施工图和结构施工图两大类。你知道装配式建筑工程施工图设计与传统的建筑工程施工图设计有什么区别吗？你知道装配式建筑工程图制图规则有哪些吗？

任务分析

装配式建筑工程施工图设计与传统的建筑工程施工图设计相比，除了应在平面、立面、剖面准确表达预制构件的应用范围、构件编号及位置、安装节点等要求，还应包括典型预制构件图、配件标准化设计与选型、预制构件性能设计等内容。施工图设计深度必须满足后续预制构件深化设计的要求。与传统的建筑工程施工图不同的是，装配式建筑工程施工图有一个预制构件施工图深化设计阶段，包括平立面安装布置图、典型构件安装节点详图、预制构件安装构造详图及各专业设计预留预埋件定位图。

任务实施

一、建筑施工图制图规则

（1）执行现行国家标准《房屋建筑制图统一标准》（GB/T 50001—2017）。

（2）2015 年，国家出台了第一批有关建筑产业现代化国家建筑标准设计图集，补充了新的图例符号和索引方法，如图 2-1 所示。

名称	图例	名称	图例	名称	图例
现浇混凝土构件		后浇段		预制夹心外墙板	
砌体		有机保温材料		预制外墙模板	
预制混凝土构件		有机保温材料		无机保温材料	

图 2-1 装配式混凝土建筑施工图图例

二、结构施工图制图规则

（1）各类构件在施工图中表达的内容见表 2-1。

（2）梁、板、柱仍执行原平法制图标准。

（3）对预制构件及与预制构件相关的构件编号规则做了统一规定。

（4）对图例符号统一了表达方式。

（5）各类预制构件按表 2-2 所示的代号及序号表示。

表 2-1 各类构件在施工图中表达的内容一览表

构件名称	在施工图中表达的内容	主要注写要求
墙板	平面布置图	标注未居中的墙板定位、注写墙板编号、墙板上预留洞定位、后浇段尺寸及定位、预制内墙板装配方向
	预制墙板表	注写墙板编号、位置信息、管线预埋信息、构件质量及数量、构件详图页码、外墙板应注写外叶板参数；选用标准图集时应注明对应的标准构件编号
	后浇段表	注写后浇段编号、后浇段起始标高、配筋信息
叠合板	预制底板布置图	叠合板编号、预制底板编号、各块预制底板尺寸和定位、板缝位置
	预制底板表	叠合板编号、板块内预制底板编号、所在楼层、构件数量和质量、构件详图页码、构件设计补充内容（线盒、预留洞位置）
	现浇层配筋图	同现浇混凝土结构
	水平后浇带或圈梁布置图	标注水平后浇带或圈梁分布位置及编号
	水平后浇带或圈梁表	水平后浇带或圈梁编号、所在平面位置、所在楼层及配筋等
楼梯	平面布置图	楼梯间的平面尺寸、楼层结构标高、楼梯的上下方向、预制梯板的平面尺寸、梯板类型及编号、定位尺寸等；剪刀楼梯还需标注防火墙的定位尺寸及编号
	剖面图	预制楼梯编号、梯梁编号、梯柱编号、预制梯板水平及竖向尺寸、楼梯结构标高、层间结构标高、建筑楼面做法厚度等
	预制楼梯表	构件编号、所在层号、构件质量、构件数量、构件详图页码、连接索引等
阳台板及空调板	平面布置图	预制构件编号、预制构件平面尺寸、定位尺寸、预留洞口尺寸及相对应构件本身的定位（采用标准构件时不标注）、楼层结构标高、板顶标高高差
	构件表	平面图中的编号、板厚、构件质量、构件数量、构件所在层号、构件详图页码；选用标准图集时应注明对应的标准构件编号
女儿墙	平面布置图	预制构件编号、预制构件平面尺寸、定位尺寸、预留洞口尺寸及相对应构件本身的定位（标准构件时不注）、楼层结构标高、女儿墙厚度、墙顶标高
	预制女儿墙表	平面图中的编号、所在层号和轴线号、内叶墙厚、构件质量、构件数量、构件详图页码、有必要时外叶板调整参数；选用标准图集时应注明对应的标准构件编号

表 2-2 预制构件及后浇带代号表示方法

预制构件类型	代号	预制构件类型	代号
预制外墙板	YWQ	预制剪刀楼梯	JT
预制内墙板	YNQ	预制阳台板	YYTB
预制隔墙板	GQ	预制女儿墙	YENQ
预制叠合梁	DL	预制空调板	YKTB
预制叠合连梁	DLL	约束边缘构件后浇段	YHJ
预制叠合楼面板	DLB	构造边缘构件后浇段	GHJ
预制叠合屋面板	DWB	边缘构件后浇段	AHJ
预制叠合悬挑板	DXB	叠合板底板接缝	JF
预制外墙模板	JM	叠合板底板密拼接缝	MF
预制双跑楼梯	ST	水平后浇带	SHJD

任务二 装配式混凝土结构(剪力墙结构)施工图表示方法

任务描述

你知道什么是装配式混凝土结构施工图表示方法，以及与之配套的国家建筑标准设计图集有哪些吗？你知道装配式混凝土结构（剪力墙结构）施工图表示方法的具体内容有哪些吗？一起在本任务中寻找答案吧！

任务分析

装配式混凝土结构施工图表示方法，是在结构平面图上表达各结构构件的布置，与构件详图、构造详图相配合，形成一套完整的装配式混凝土结构设计文件，与之配套的国家建筑标准设计图集包括《装配式混凝土结构连接节点构造（2015 年合订本）》（G310-1 ～ 2）、《预制混凝土剪力墙外墙板》（15G365-1）、《桁架钢筋混凝土叠合板（60 mm 厚底板）》（15G366-1）、《预制钢筋混凝土板式楼梯》（15G367-1）、《预制钢筋混凝土阳台板、空调板及女儿墙》（15G368-1）、《装配式混凝土结构住宅建筑设计示例（剪力墙结构）》（15J939-1）、《混凝土结构施工图平面整体表示方法制图规则和构造详图（现浇混凝土框架、剪力墙、梁、板）》（22G101-1）。

《装配式混凝土结构表示方法及示例（剪力墙结构）》（15G107-1）适用于非抗震和抗震设防烈度为 6～8 度地区的装配式混凝土剪力墙住宅楼的设计，其他类型建筑可参考使用。

任务实施

《装配式混凝土结构表示方法及示例（剪力墙结构）》（15G107-1）包括装配式混凝土剪力墙结构施工图表示方法及示例两部分内容，其中，施工图表示方法包括基础顶面以上的预制钢筋混凝土剪力墙外墙板、预制钢筋混凝土剪力墙内墙板、钢筋桁架混凝土叠合板、预制钢筋混凝土板式楼梯、预制钢筋混凝土阳台板、空调板及女儿墙等预制构件的表达形式，示例为一个完整的装配式混凝土剪力墙结构施工图。本图集的制图规则，既是设计人员完成装配式混凝土剪力墙结构施工图的依据，也是施工、构件加工、监理人员准确理解和实施装配式混凝土剪力墙结构施工图表示方法的依据。在本任务中我们主要学习其施工图表示方法。

一、总则

（1）装配式混凝土结构（剪力墙结构）施工图文件的编制宜按构件平面布置图（基础、剪力墙、板、楼梯等）、节点、预制构件模板及配筋的顺序排列。

扫一扫

总则

（2）按照图集绘图规则绘制施工图时，可在结构平面布置图中直接标注各类预制构件的编号，并列表注释预制构件的尺寸、质量、数量和选用方法等。

① 预制构件编号中含有类型代号和序号，类型代号指明预制构件种类，序号用于将同类构件顺序编号。

② 当直接选用标准图集中的预制构件时，因配套图集中已按构件类型注明编号并配以详图，只需在构件表中明确平面布置图中构件编号与所选图集中构件编号的对应关系，使两者结合构成完整的结构设计图。

③ 当自行设计预制构件时，设计者需根据具体工程绘制构件详图，可参考相关配套图集。

（3）设计绘制装配式混凝土结构施工图时，标高注写应满足以下要求。

① 用表格或其他方式注明包括地下和地上各层的结构层楼面标高、结构层高及相应的结构层号，见表 2-3。

② 结构层楼面标高和结构层高在单项工程中必须统一。应将统一的结构层楼面标高和结构层高分别放在墙、板等各类构件的施工图中。

表 2-3　结构层楼面标高、结构层高及相应的结构层号（上部结构嵌固部位：−0.100 m）

	层号	标高 /m	层高 /m	
	9	22.300	2.800	
	8	19.500	2.800	
	7	16.700	2.800	
	6	13.900	2.800	
	5	11.100	2.800	
	4	8.300	2.800	约束边缘构件区域
	3	5.500	2.800	约束边缘构件区域
底部加强部位	2	2.700	2.800	约束边缘构件区域
底部加强部位	1	−0.100	2.800	约束边缘构件区域
	−1	−2.750	2.650	
	−2	−5.400	2.700	

（4）施工图必须写明以下内容。

① 注明选用的装配式混凝土结构标识方法标准图的图集号，注明选用的构件标注图集号。

② 注明装配式混凝土结构的设计使用年限。

③ 注明各类预制构件和现浇构件在不同部位所选用的混凝土强度等级和钢筋级别，以确定相应预制构件预留钢筋的最小锚固长度和最小搭接长度等。

④ 当标准构造详图有多种可选择的构造做法时，设计人员应写明在何部位选用何种构造方法。

⑤ 注明后浇段、纵筋、预制墙体分布筋等在具体工程中需接长时所采用的连接形式及有关要求，必要时，尚应注明对接头的性能要求。轴心受拉及小偏心受拉构件的受力钢筋不得采用绑扎搭接，设计应在结构平面图中注明其平面位置及层数。

⑥ 注明结构不同部位所处的环境类别。

⑦ 注明上部结构的嵌固位置。

（5）对预制构件和后浇段的混凝土保护层厚度、钢筋搭接和锚固长度，除了在结构施工图中另有注明外，均按国家规范要求执行。

二、预制混凝土剪力墙施工图制图规则

（1）预制混凝土剪力墙（简称预制剪力墙）平面布置图应按标准层绘制，如图 2-2 所示。内容包括预制剪力墙、现浇剪力墙、后浇段、现浇段、楼面梁、水平后浇带或圈梁等。

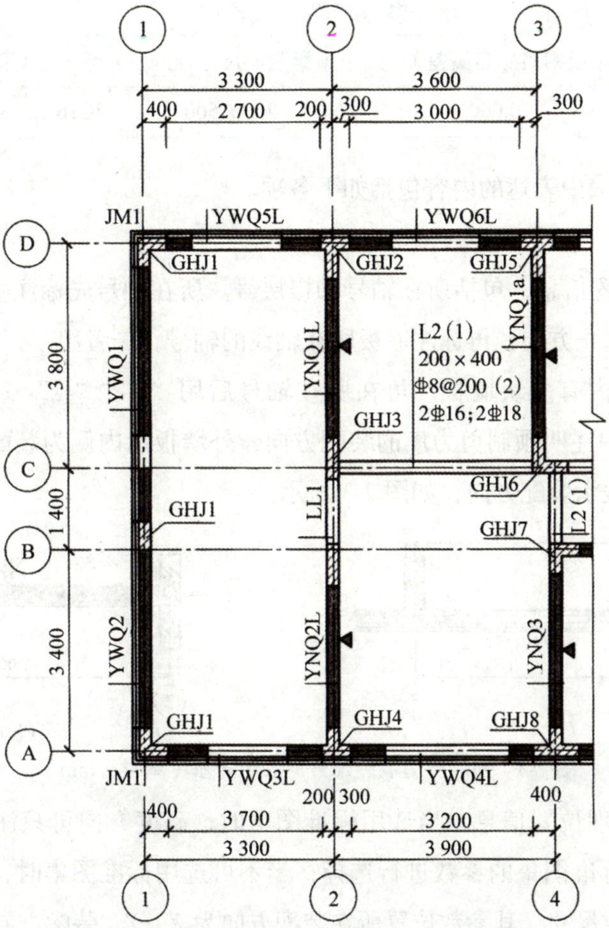

图 2-2　8.300 ～ 55.900 剪力墙平面布置图（单位：mm）

（2）在平面布置图中，应注明未居中承重墙与轴线的定位，标明预制剪力墙的门窗洞口、结构洞的尺寸和定位，还需标明预制剪力墙的装配方向。

（3）应标明水平后浇带和圈梁的位置。

（4）预制剪力墙编号规定：剪力墙编号由墙板代号（表 2-2）、序号组成。例如，YWQ1，表示预制外墙，序号为 1；YNQ5a，表示某工程有一块预制混凝土内墙板与已编号的 YNQ5 除了线盒位置不同，其他参数均相同，为了简便起见，将该预制内墙编为 5a。

（5）列表注写方式：为表达清楚、简便，装配式剪力墙结构可视为由预制剪力墙、后浇段、现浇剪力墙身、现浇剪力墙柱、现浇剪力墙梁等构件组成。其中，现浇剪力墙身、现浇剪力墙柱和现浇剪力墙梁的注写方式应符合原平法标注规定。对应于预制剪力墙平面布置图上的编号，在预制墙板表中，选用标准图集中的预制剪力墙或引用施工图中自行设计的预制剪力墙，而在后浇段表中，绘制截面配筋图并注写几何尺寸与配筋具体数值，见表 2-4。

表 2-4　剪力墙梁表

编号	所在层号	梁顶相对标高高差 /mm	梁截面尺寸 /mm	上部纵筋	下部纵筋	箍筋
LL1	4 ~ 20	0.000	200 × 500	2C16	2C16	C8@100（2）

（6）预制墙板表中表达的内容包括如下各项。

① 墙板编号。

② 各段墙板位置信息，包括所在轴号和楼层号。所在轴号先标注垂直于墙板的起止轴号，用“~”表示起止方向，再标注墙板所在轴线的轴号，二者用“/”分隔。如果同一轴线、同一起止区域内有多块墙板，可在所在轴号后用“-1”“-2”……的顺序标注。同时，需要在平面图中注明预制剪力墙的装配方向，外墙板以内侧为装配方向，不需要特殊标注，内墙板用▼表示装配方向，如图 2-3 所示。

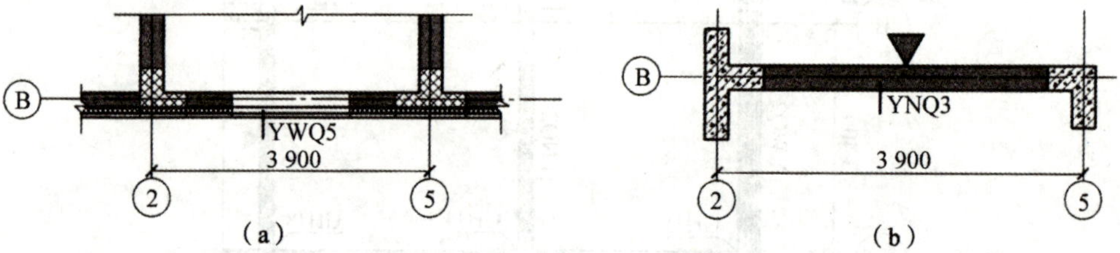

图 2-3　预制剪力墙装配方向表示方法（单位：mm）

③ 注写管线预埋位置信息。当选用标准图集时，高度方向可只注写低区、中区和高区，水平方向根据标准图集的参数进行选择；当不可选用标准图集时，高度方向和水平方向均应注写具体定位尺寸，其参数位置所在装配方向为 X、Y，装配方向背面为 X'、Y'，可用下角标编号区分不同线盒，如图 2-4 所示。

图 2-4　线盒位置表示方法

④ 构件质量、数量。

⑤ 构件详图页码。当选用标准图集时，需标注图集号和相应页码；当自行设计时，应注写构件详图的图纸编号，见表 2-5。

表 2-5　预制墙板表

平面图中的编号	内叶墙板	外叶墙板 /mm	管线预埋 /mm	所在层号	所在轴号	墙厚（内叶）/mm	构件质量 /t	数量	构件详图页码（图号）
YWQ1	—	—	见大样图	4 ~ 20	B ~ D/1	200	6.9	17	结施 -01
YWQ2	—	—	见大样图	4 ~ 20	A ~ B/1	200	5.3	17	结施 -02

表 2-5（续）

平面图中的编号	内叶墙板	外叶墙板 /mm	管线预埋 /mm	所在层号	所在轴号	墙厚（内叶）/mm	构件质量 /t	数量	构件详图页码（图号）
YWQ3L	WQC1-3328-1514	WY-1 a=190 b=20	低区 x=450 高区 x=280	4 ～ 20	1 ～ 2/A	200	3.4	17	15G365-1，60、61
YWQ4L	—	—	见大样图	4 ～ 20	2 ～ 4/A	200	3.8	17	结施 -03
YWQ5L	WQC1-3328-1514	WY-2 a=20 b=190 c_L=c_R=590 d_L=d_R=80	低区 x=450 高区 x=280	4 ～ 20	1 ～ 2/D	200	3.9	17	15G365-1，60、61
YWQ6L	WQC1-3628-1514	WY-2 a=290 b=290 c_L=c_R=590 d_L=d_R=80	低区 x=450 高区 x=430	4 ～ 20	2 ～ 3/D	200	4.5	17	15G365-1，64、65
YNQ1	NQ-2728	—	低区 x=150 高区 x=450	4 ～ 20	C ～ D/2	200	3.6	17	15G365-2，16、17
YNQ2L	NQ-2428	—	低区 x=450 中区 x=750	4 ～ 20	A ～ B/2	200	3.2	17	15G365-2，14、15
YNQ3	—	—	见大样图	4 ～ 20	A ～ B/4	200	3.5	17	结施 -04
YNQ1a	NQ-2728	—	低区 x=150 高区 x=750	4 ～ 20	C ～ D/3	200	3.6	17	15G365-2，16、17

（7）标准图集的预制混凝土剪力墙外墙由内叶墙板、保温层和外叶墙板组成。预制墙板表中需注写所选图集中内叶墙板编号和外叶墙板控制尺寸。

① 标准图集中的内叶墙板共五种形式，编号示例见表 2-6。

表 2-6　内叶墙板编号示例

预制墙板类型	示意图	墙板编号	标志宽度 /mm	层高 /mm	门 / 窗宽 /mm	门 / 窗高 /mm	门 / 窗宽 /mm	门 / 窗高 /mm
无洞口外墙		WQ-1828	1 800	2 800				
一个窗洞高窗台外墙		WQC1-3028-1514	3 000	2 800				
一个窗洞矮窗台外墙		WQCA-3028-1518	3 000	2 800	1 500	1 800		

表 2-6（续）

预制墙板类型	示意图	墙板编号	标志宽度/mm	层高/mm	门/窗宽/mm	门/窗高/mm	门/窗宽/mm	门/窗高/mm
两个窗洞外墙	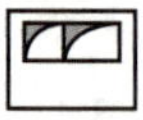	WQC2-4228-0614-1514	4 200	2 800	600	1 400	1 500	1 400
一个门洞外墙		WQM-3628-1823	3 600	2 800	1 800	2 300		

② 标准图集中的外叶墙板共有两种类型，如图 2-5 所示。

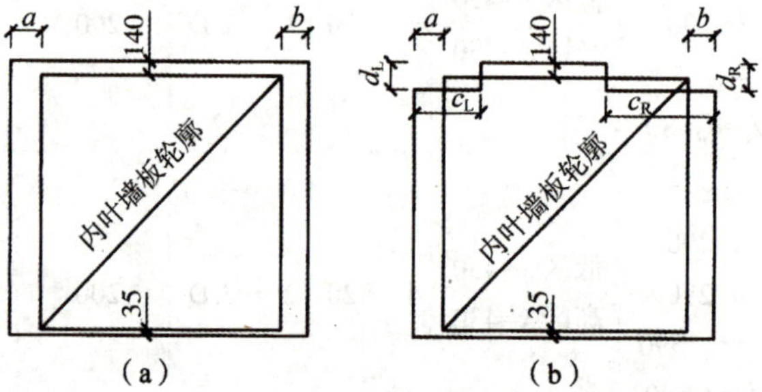

图 2-5　标准图集中外叶墙板内表面图（单位：mm）

· 标准图集中外叶墙板 wy-1（a、b），按实际情况标注 a、b。

· 带阳台外叶墙板 wy-2（a、b、c_L 或 c_R、d_L 或 d_R），选用时按外叶墙板实际情况标注 a、b、c、d。

③ 当设计的预制外墙板与标准图集中板型的模板、配筋不同时，应由设计单位进行构件详图设计。

④ 当部分预制外墙选用《预制混凝土剪力墙外墙板》图集中的墙板做法时，另行设计的墙板应与该图集做法及要求相配套。

（8）当选用标准图集中的内墙板时，编号方法见表 2-7。

表 2-7　标准图集中预制混凝土内墙板编号示例

预制墙板类型	示意图	墙板编号	标志宽度 /mm	层高 /mm	门宽 /mm	门高 /mm
无洞口内墙		NQ-2128	2 100	2 800		
固定门垛内墙		NQM1-3028-0921	3 000	2 800	900	2 100
中间门洞内墙		NQM2-3029-1022	3 000	2 900	1 000	2 200
刀把内墙		NQM3-3329-1022	3 300	2 900	1 000	2 200

（9）后浇段编号规定：后浇段编号由后浇段类型代号和序号组成，表达形式符合表 2-2 的规定。在编号中，当后浇段的截面尺寸与配筋均相同，仅截面与轴线的关系不同时，可将其编为同一后浇段编号。约束边缘构件后浇段包括有翼墙和转角墙两种，如图 2-6 所示；构造边缘构件后浇段包括构造边缘转角墙、构造边缘有翼墙、边缘暗柱三种，如图 2-7 所示；非边缘构件后浇段如图 2-8 所示。

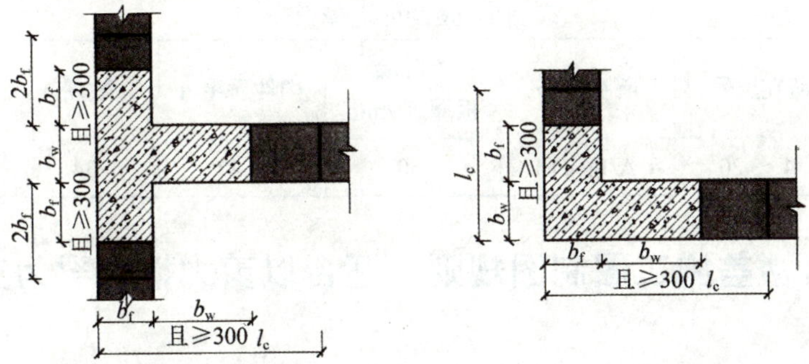

（a）有翼墙　　（b）转角墙

图 2-6　约束边缘构件后浇段（YHJ）（单位：mm）

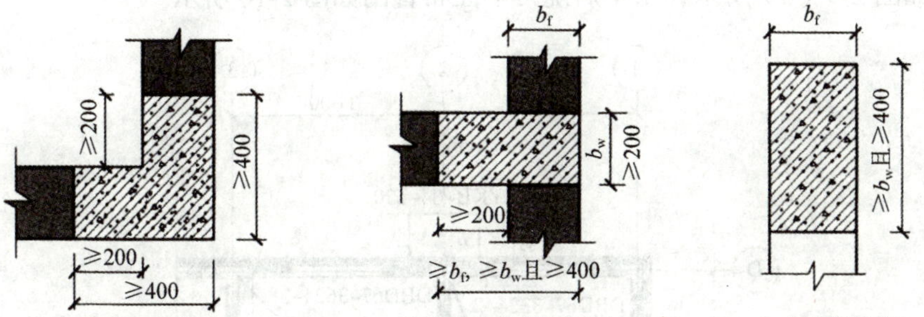

（a）构造边缘转角墙　　（b）构造边缘有翼墙　　（c）边缘暗柱

图 2-7　构造边缘构件后浇段（GHJ）（单位：mm）

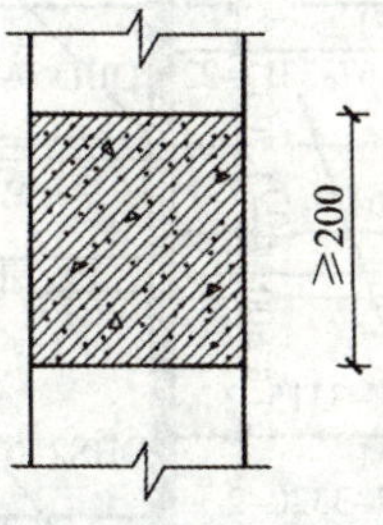

图 2-8　非边缘构件后浇段（AHJ）（单位：mm）

（10）后浇段表中表达的内容包括如下各项。

① 注写后浇段编号，绘制该后浇段截面配筋图，标注后浇段几何尺寸。

② 注写后浇段的起止标高，自后浇段根部往上以变截面位置或截面未变但配筋改变处为界分段注写。

③ 注写后浇段的纵向钢筋和箍筋，注写值应与表中绘制的截面配筋对应，纵向钢筋标注直径和数量；箍筋、拉筋注写方式同现浇剪力墙结构墙柱箍筋的注写方式。

④ 预制墙板外露钢筋尺寸应标注至钢筋中线，保护层厚度应标注至箍筋外表面。

（11）预制混凝土叠合梁编号由代号、序号组成，表达形式符合表 2-2 的规定。

（12）预制外墙模板编号由类型代号和序号组成，见表 2-2，预制外墙模板表内容包括平面图中的编号、所在层号、所在轴号、外叶墙板厚度、构件质量、数量、构件详图页码（图号），见表 2-8。

表 2-8　预制外墙模板表

平面图中的编号	所在层号	所在轴号	外叶墙板厚度 /mm	构件质量 /t	数量	构件详图页码（图号）
JM1	4 ～ 20	A/1；D/1	60	0.47	34	15G365-1，228

三、叠合楼盖施工图制图规则（适合以剪力墙、梁为支座的叠合楼面板）

（1）叠合楼盖施工图主要包括预制底板平面布置图，如图 2-9（a）所示；现浇层配筋平面图，如图 2-9（b）所示；水平后浇带平面布置图如图 2-10 所示。

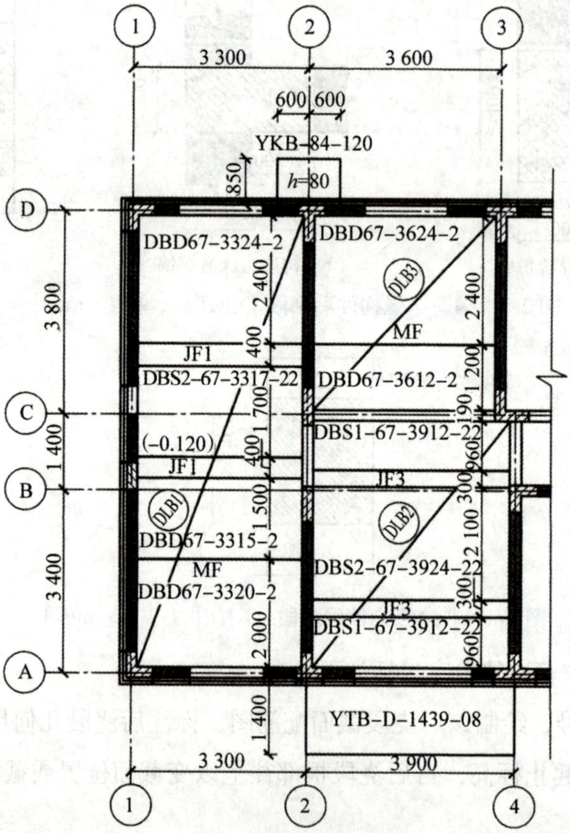

（a）预制底板平面布置图

图 2-9　5.500 ～ 55.900 板结构平面图（单位：mm）

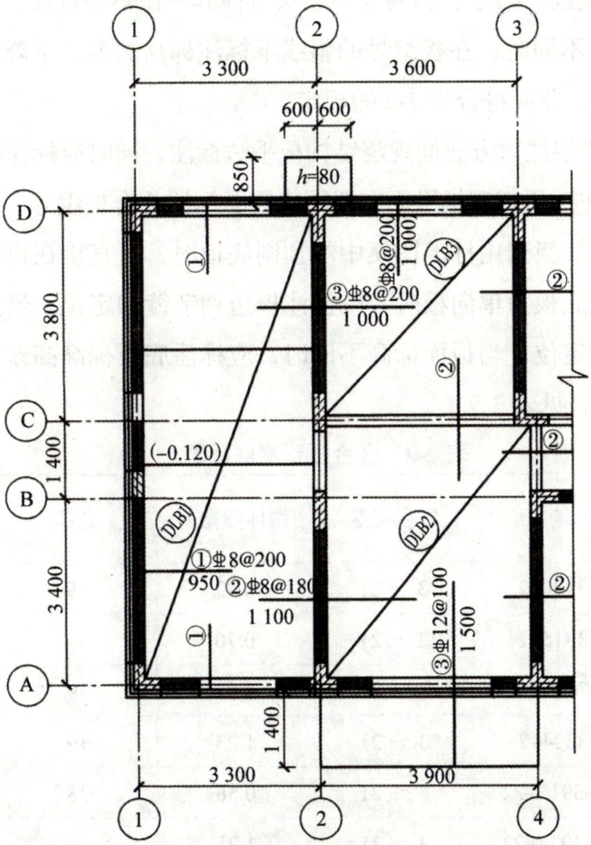

（b）现浇层配筋平面图

图 2-9（续）

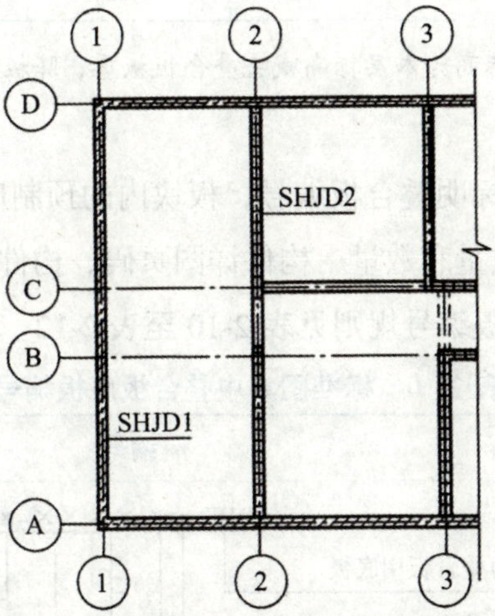

表示外墙部分水平后浇带，编号为SHJD1

表示内墙部分水平后浇带，编号为SHJD2

图 2-10 5.500 ~ 55.900 水平后浇带平面布置图（单位：mm）

（2）所有叠合板应逐一编号，相同编号板块可择其一做集中标注，其他仅注写圆圈内的板编号，当板面标高不同时，在板编号的斜线下标注标高高差，下降为“—”。叠合板编号由代号和序号组成，并应符合表 2-2 的规定。

（3）叠合楼盖现浇层注写方法同现浇结构板平法标注，同时应标注叠合板编号。

（4）预制底板标注：预制底板平面布置图中需要标注叠合板编号、预制底板编号、各块预制底板尺寸和定位。当选用标准图集中的预制底板时，可直接在板块上标注标准图集中的底板编号。当预制底板为单向板时，应标注板边调节缝和定位；当预制底板为双向板时，应标注接缝尺寸和定位；当板面标高不同时，应标注底板标高高差，下降为“—”，同时应给出预制底板表，见表 2-9。

表 2-9　叠合板预制底板表

叠合板编号	选用构件编号	所在楼层	构件质量 /t	数量	构件详图页码（图号）
DLB1	DBD67-3320-2	3～21	0.93	19	15G366-1，65
	DBD67-3315-2	3～21	0.70	19	15G366-1，63
	DBS2-67-3317	3～21	0.87	19	结施 -35
	DBD67-3324-2	3～21	1.23	19	15G366-1，66
DLB2	DBS1-67-3912-22	3～21	0.56	38	15G366-1，22
	DBS2-67-3924-22	3～21	1.23	19	15G366-1，41
DLB3	DBD67-3612-2	3～21	0.62	19	15G366-1，62
	DBD67-3624-2	3～21	1.23	19	15G366-1，66

注：未注明的预制构件板底标高为本层标高减去叠合板板厚，降板部分的板底标高为叠合板底板标高减去降板所降高度。

（5）预制底板表中需要标明叠合板编号，板块内的预制底板编号及其与叠合板编号的对应关系、所在楼层、构件质量和数量、构件详图页码、构件设计补充内容。

（6）标准图集中预制底板编号规则见表 2-10 至表 2-12。

表 2-10　标准图集中叠合板底板编号

叠合板底板类型	编号
单向板	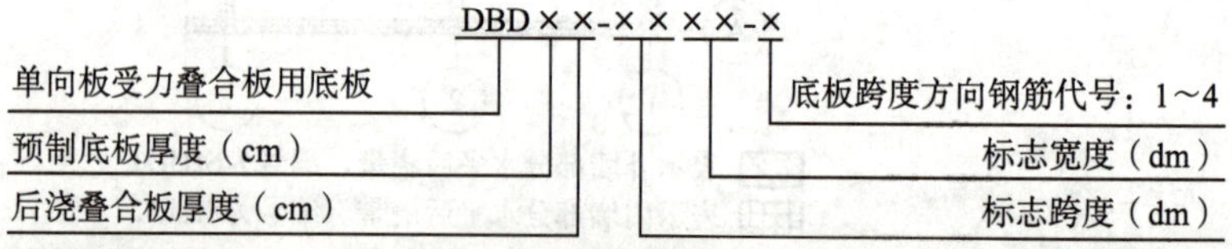 例：底板编号 DBD67-3324-2 表示单向板受力叠合板用底板，预制底板厚度为 60 mm，现浇叠合层厚度为 70 mm，预制底板的标志跨度为 3 300 mm，预制底板的标志宽度为 2 400 mm，底板跨度方向配筋为 C8@150

表 2-10（续）

叠合板底板类型	编号
双向板	DBS×-××××-××-××-δ 双向板受力叠合板用底板；叠合板类型（1为边板，2为中板）；预制底板厚度（cm）；后浇叠合板厚度（cm）；标志跨度（dm）；标志宽度（dm）；底板跨度及宽度方向钢筋代号；调整宽度 例：底板编号 DBS1-67-3924-22 表示双向板受力叠合板用底板，拼装位置为边板，预制底板厚度为 60 mm，现浇叠合层厚度为 70 mm，预制底板的标志跨度为 3 900 mm，预制底板的标志宽度为 2 400 mm，底板跨度方向、宽度方向配筋均为 C8@150

表 2-11　单向板底板钢筋编号表

编号	1	2	3	4
受力钢筋规格及间距	Φ8@200	Φ8@150	Φ10@200	Φ10@150
分布钢筋规格及间距	Φ6@200	Φ6@200	Φ6@200	Φ6@200

表 2-12　双向板底板跨度、宽度方向钢筋编号组合表

宽度方向钢筋编号	跨度方向钢筋编号			
	Φ8@200	Φ8@150	Φ10@200	Φ10@150
Φ8@200	11	21	31	41
Φ8@150	—	22	32	42
Φ8@100	—	—	—	43

单向板和双向板底板宽度及跨度分别见表 2-13、表 2-14。

表 2-13　单向板底板宽度及跨度

宽度	标志宽度 /mm	1 200	1 500	1 800	2 000	2 400	
	实际宽度 /mm	1 200	1 500	1 800	2 000	2 400	
跨度	标志跨度 /mm	2 700	3 000	3 300	3 600	3 900	4 200
	实际跨度 /mm	2 520	2 820	3 120	3 420	3 720	4 020

表 2-14　双向板底板宽度及跨度

宽度	标志宽度 /mm	1 200	1 500	1 800	2 000	2 400	
	边板实际宽度 /mm	960	1 260	1 560	1 760	2 160	
	中板实际宽度 /mm	900	1 200	1 500	1 700	2 100	
跨度	标志跨度 /mm	3 000	3 300	3 600	3 900	4 200	4 500
	实际跨度 /mm	2 820	3 120	3 420	3 720	4 020	4 320
	标志跨度 /mm	4 800	5 100	5 400	5 700	6 000	
	实际跨度 /mm	4 620	4 920	5 220	5 520	5 820	

（7）叠合楼盖预制底板接缝需要在平面图中标注其编号、尺寸、位置，并须给出接缝的详图，如图 2-11 所示。

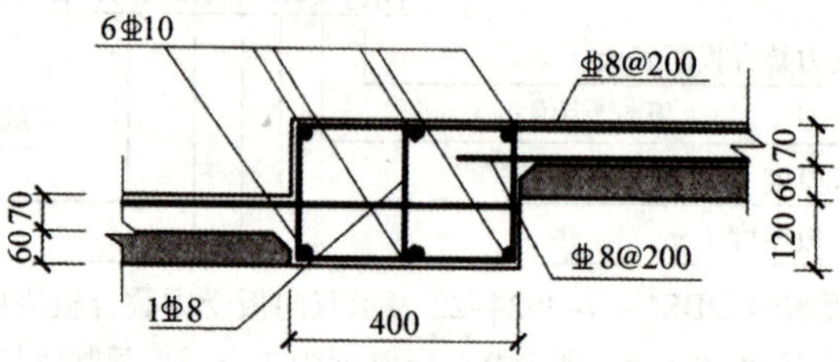

图 2-11　叠合楼盖预制底板接缝（JF1）（单位：mm）

① 当叠合楼盖预制底板接缝选用标准图集时，可在接缝表中写明节点选用图集号、页码、节点号和相关参数，见表 2-15。

表 2-15　接缝表

平面图中的编号	所在楼层	节点详图页码（图号）
MF	3 ～ 21	15G310–1，28，B6–1；A_{sd} 为⌀ 8@200，附加通长构造钢筋为⌀ 6@200
JF2	3 ～ 21	15G310–1，20，B1–2；A_{sa} 为 3 ⌀ 8@150
JF3	3 ～ 21	15G366–1，82
JF4	3 ～ 21	

② 自行设计叠合楼盖预制底板接缝时，需要给出节点详图。

（8）若设计的预制底板与标准图集中版型的模板、配筋不同，应进行构件详图设计。

（9）水平后浇带或圈梁标注，应在平面图上标注后浇带或圈梁的分布位置，见表 2-16，水平后浇带编号由代号和序号组成。

表 2-16　水平后浇带标注

平面图中的编号	平面所在位置	所在楼层	配筋	箍筋 / 拉筋
SHJD1	外墙	3 ～ 21	2 ⌀ 14	1 ⌀ 8
SHJD2	内墙	3 ～ 21	2 ⌀ 12	1 ⌀ 8

四、预制楼梯施工图制图规则

（1）预制楼梯施工图包括标准层绘制的平面布置图、剖面图、预制梯段板的连接节点、预制楼梯构件表等内容。

（2）预制楼梯选用标准图集楼梯时，应在平面图上直接标注标准图集中的楼梯编号，见表 2-17。

表 2-17　预制楼梯编号

预制楼梯类型	编号
双跑楼梯	ST-××-×× 预制钢筋混凝土双跑楼梯 楼梯间净宽（dm） 层高（dm） 例：底板编号 ST–28–25，表示预制钢筋混凝土板式双跑楼梯，层高为 2 800 mm，楼梯间净宽为 2 500 mm
剪刀楼梯	JT -××-×× 预制钢筋混凝土剪刀楼梯 楼梯间净宽（dm） 层高（dm） 例：底板编号 JT–28–26，表示预制钢筋混凝土板式剪刀楼梯，层高为 2 800 mm，楼梯间净宽为 2 600 mm

（3）预制楼梯平面布置图如图 2-12 所示，标注内容包括楼梯间的平面尺寸、楼层结构标高、楼梯的上下方向、预制楼梯的平面几何尺寸、梯板类型及编号、定位尺寸和连接做法索引号等，剪刀楼梯中还需要标注防火隔墙的定位尺寸及做法。

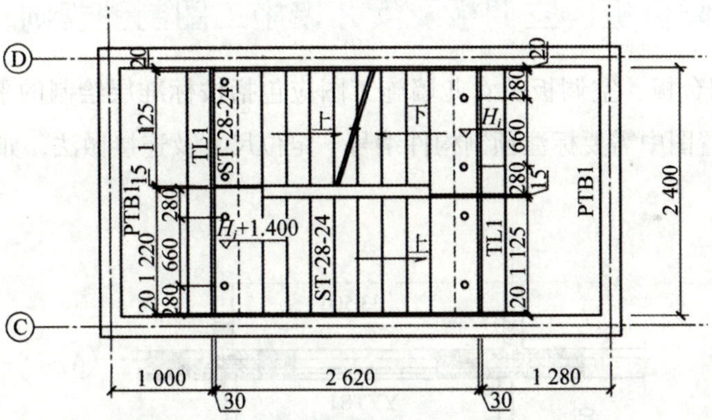

图 2-12　预制楼梯平面布置图（单位：mm）

（4）预制楼梯剖面图如图 2-13 所示，标注内容包括楼梯编号、梯梁梯柱编号、预制梯板水平及竖向尺寸、楼层结构标高、层间结构标高、建筑楼面做法及厚度等。

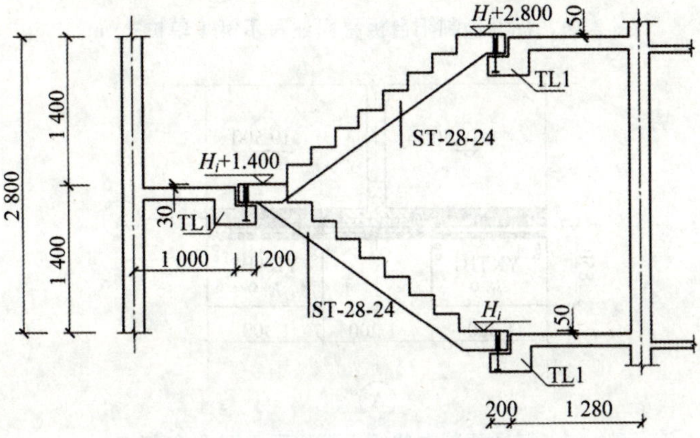

图 2-13　预制楼梯剖面图（单位：mm）

（5）预制楼梯表的主要内容包括构件编号、所在楼层、构件质量、数量、构件详图页码（图号）（选用标准图集的楼梯注写具体图集号和相应页码，自行设计的构件须注写施工图图号）、连接索引（标准构件注明具体图集号、页码和节点号，自行设计时须注写施工图页码）、备注（备注中可标明该预制构件是“标准构件”还是“自行设计”），见表 2-18。

表 2-18　预制楼梯表

构件编号	所在楼层	构件质量 /t	数量	构件详图页码（图号）	连接索引	备注
ST–28–24	3 ～ 20	1.61	72	15G367–1，8 ～ 10	—	标准构件
ST–31–24	1 ～ 2	1.8	8	结施 –24	15G367–1，27 ①②	自行设计

注：TL1、PTB1 详见具体工程设计。

（6）预制隔墙编号由代号、序号组成。

五、预制阳台板、空调板及女儿墙施工图制图规则

（1）预制阳台板、空调板及女儿墙施工图应包括按标准层绘制的平面布置图、构件选用表。平面布置图中需要标注预制构件编号、定位尺寸及连接做法，如图 2-14 至图 2-16 所示。

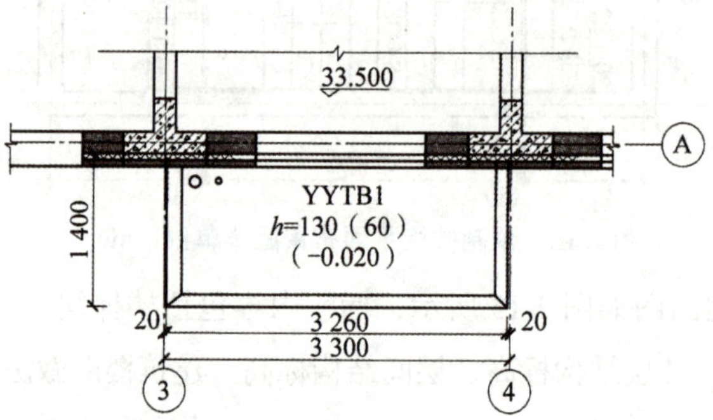

图 2-14　标准预制阳台板平面注写示例（单位：mm）

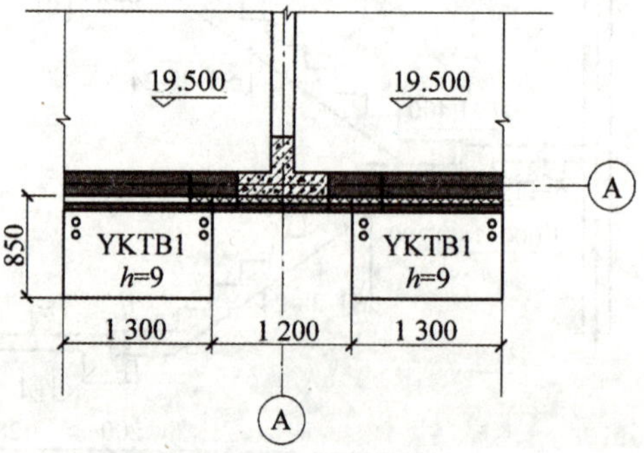

图 2-15　标准预制空调板平面注写示例（单位：mm）

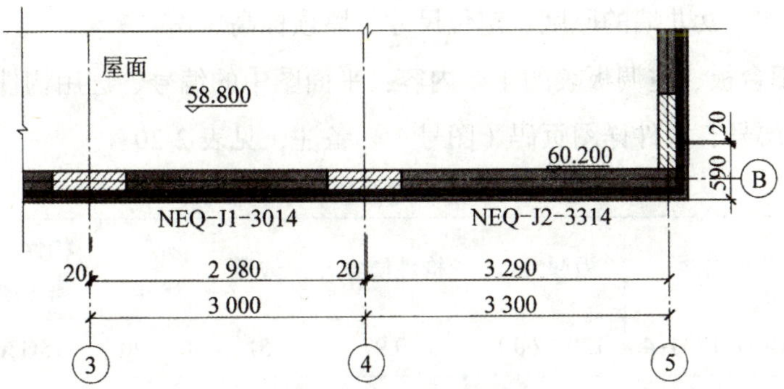

图 2-16 标准预制女儿墙平面注写示例（单位：mm）

（2）预制阳台板、空调板及女儿墙编号应由构件代号、序号组成，见表 2-19。

表 2-19 标准图集中预制阳台板编号

预制构件类型	编号
阳台板	YTB-×-××××-×× 预制阳台板 预制阳台板类型：D、B、L 预制阳台板封边高度（仅用于板式阳台）：04、08、12 预制阳台板宽度（dm） 预制阳台板挑出长度（dm） 注：1. 预制阳台板类型：D 表示叠合板式阳台，B 表示全预制板式阳台，L 表示全预制梁式阳台。 2. 预制阳台板封边高度：04 表示 400 mm，08 表示 800 mm，12 表示 1 200 mm。 3. 预制阳台板挑出长度从结构承重墙外表算起。 例：YTB–D–1024–08 表示预制叠合板式阳台板挑出长度为 1 000 mm，阳台板宽度为 2 400 mm，封边高度为 800 mm
空调板	KTB-××-××× 预制空调板 预制空调板宽度（dm） 预制空调板挑出长度（dm） 注：预制空调板挑出长度从结构承重墙外表面算起。 例：KTB–84–130 表示预制空调板挑出长度为 840 mm，宽度为 1 300 mm
女儿墙	NEQ-××-×××× 预制女儿墙 预制女儿墙类型：J1、J2、Q1、Q2 预制女儿墙高度（dm） 预制女儿墙长度（dm） 注：1. 预制女儿墙类型：J1 表示夹心保温式女儿墙（直板）；J2 表示夹心保温式女儿墙（转角墙）；Q1 表示非保温式女儿墙（直板）；Q2 表示非保温式女儿墙（转角板）。 2. 预制女儿墙高度从屋面结构层标高算起，600 mm 高表示为 06，1 400 mm 高表示为 14。 例：NEQ–J1–3614 表示夹心保温式女儿墙直板高度为 1 400 mm，长度为 3 600 mm

（3）预制阳台板、空调板及女儿墙平面布置图注写内容包括预制构件编号、平面尺寸、定位尺寸、预留洞口尺寸及相对于构件本身的定位尺寸、楼层结构标高、与结构标高

不同时的标高高差、女儿墙的厚度、定位尺寸、墙顶标高。

（4）预制阳台板、空调板表的主要内容：平面图中的编号、选用构件、板厚、构件质量、数量、所在层号、构件详图页码（图号）、备注，见表 2-20。

表 2-20　预制阳台板、空调板表

平面图中的编号	选用构件	板厚 /mm	构件质量 /t	数量	所在层号	构件详图页码（图号）	备注
YYB1	YTB–D–1224–4	130（60）	0.97	51	4～20	15G368–1	标准构件
YKB1	—	90	1.59	17	4～20	结施 –38	自行设计

（5）预制女儿墙表，见表 2-21。其主要内容包括平面图中的编号、选用构件、外叶墙板调整、所在层号、所在轴号、内叶墙厚、构件质量、数量、构件详图页码（图号）。如果女儿墙内叶墙板与标准图集一致，与外叶墙板有区别，可对外叶墙板调整选用参数 *a*、*b*，如图 2-17 所示。

表 2-21　预制女儿墙表

平面图中的编号	选用构件	外叶墙板调整	所在层号	所在轴号	内叶墙厚 /mm	构件质量 /t	数量	构件详图页码（图号）
YNEQ2	NEQ–J2–3614	—	屋面 1	1–2/B	160	2.44	1	15G368–1D08–D11
YNEQ5	NEQ–J1–3914	*a*=190 *b*=230	屋面 1	2–3/C	160	2.90	1	15G368–1D04–D05
YNEQ6	—	—	屋面 1	3–5/J	160	3.70	1	结施 –74 本图集略

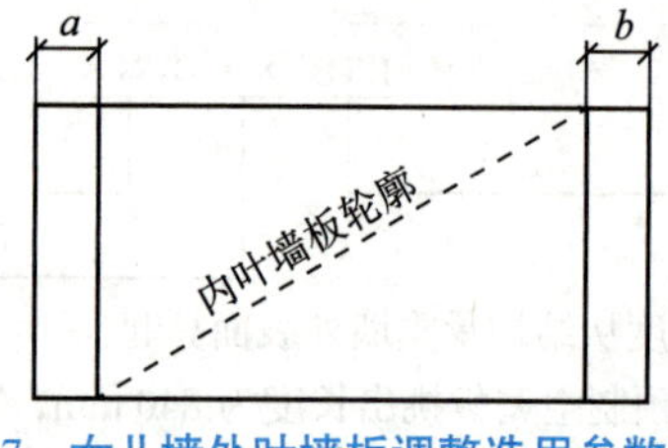

图 2-17　女儿墙外叶墙板调整选用参数示意图

任务三　装配式建筑施工图表示方法示例

任务描述

在上一个任务中，我们学会了装配式混凝土结构（剪力墙结构）施工图表示方法，本任务我们将学习具体的示例，从而进一步掌握装配式建筑施工图。

任务分析

《装配式混凝土结构表示方法及示例（剪力墙结构）》（15G107-1）包括装配式混凝土剪力墙结构施工图表示方法及示例两部分内容，本图集符合当前国家建筑产业现代化发展的现实需求，总说明及设计示例所编内容较全面，充分体现了装配式混凝土剪力墙结构施工图的制图规则和图纸深度要求。本图集的制图规则，既是设计人员完成装配式混凝土剪力墙结构施工图的依据，也是施工、构件加工、监理人员准确理解和实施装配式混凝土剪力墙结构施工图表示方法的依据。

任务实施

装配式建筑施工图一般包括图纸目录、设计说明、平面图、立面图、剖面图、详图、预制构件模板图、预制构件配筋图。

一、装配式结构专项说明

装配式结构专项说明包括总则、预制构件的生产和检验、预制构件的运输与堆放、现场施工规定、验收规定等内容。

（一）总则

（1）本说明应与结构平面图、预制构件详图、节点详图等配合使用。

（2）主要配套标准如下。

①《装配式混凝土结构表示方法及示例（剪力墙结构）》（15G107-1）。

②《预制混凝土剪力墙外墙板》（15G365-1）。

③《预制混凝土剪力墙内墙板》（15G365-2）。

④《桁架钢筋混凝土叠合板（60 mm 厚底板）》（15G366-1）。

⑤《预制钢筋混凝土板式楼梯》（15G367-1）。

⑥《预制钢筋混凝土阳台板、空调板及女儿墙》（15G368-1）。

⑦《装配式混凝土结构连接节点构造（楼盖和楼梯）》（15G310-1）。

⑧《装配式混凝土结构连接节点构造（剪力墙）》（15G310-2）。

⑨《混凝土结构施工图平面整体表示方法制图规则和构造详图（现浇混凝土框架、剪力墙、梁、板）》（22G101-1）。

（3）材料要求。

① 混凝土。

· 混凝土强度等级应满足结构设计总说明的规定，其中预制剪力墙板的混凝土轴心抗压强度标准值不得高于设计值的 20%。

· 对水泥、骨料、矿物掺合料、外加剂等的设计要求详见结构设计总说明，应特别保证骨料级配的连续性，未经设计单位批准，混凝土中不得掺加早强剂或早强型减水剂。

· 混凝土配合比除了满足设计强度的要求外，还应根据预制构件的生产工艺、养护措施等因素确定。

· 同条件养护的混凝土立方体试件抗压强度达到设计混凝土强度等级值的 75%，且不小于 15 N/mm^2 时方可脱模，吊装时应达到设计强度值。

② 钢筋、钢材和连接材料。

· 预制构件使用的钢筋和钢材牌号及性能详见结构设计总说明。

· 预制剪力墙纵向受力钢筋连接采用钢筋套筒灌浆连接接头，接头性能应符合《钢筋机械连接技术规程》（JGJ 107—2016）中Ⅰ级接头的要求，灌浆套筒应符合《钢筋连接用灌浆套筒》（JG/T 398—2019）的有关规定，灌浆料性能应符合《钢筋连接用套筒灌浆料》（JG/T 408—2019）的有关规定。

· 施工用预埋件的性能指标应符合相关产品标准，且应满足预制构件吊装和临时支撑等需要。

③ 预制构件连接部位坐浆材料的强度等级不应低于被连接构件混凝土强度等级，且应满足下列要求：砂浆流动度在 130 ～ 170 mm；一天抗压强度值不小于 30 MPa；预制楼梯与主体结构的找平层采用干硬性砂浆，其强度等级不低于 M15。

④ 预制混凝土夹心保温外墙板采用的拉结件应采用符合国家现行标准的 FRP（纤维增强复合材料）或不锈钢产品。

（4）预制构件的深化设计。

① 预制构件制作前应进行深化设计，深化设计文件应根据本项目施工图设计文件及选用的标准图解、生产制作工艺、运输条件和安装施工要求等进行编制。

② 预制构件详图中的各类预留孔洞、预埋件和预留管线须与相关专业图纸仔细核对无误后方可下料制作。

③ 深化设计文件应经设计单位书面确认后方可作为生产依据。

④ 深化设计文件应包括（但不限于）下述内容。

· 预制构件平面图和立面布置图。

· 预制构件模板图、配筋图、材料和配件明细表。

· 预埋件布置图和细部构造详图。

· 带瓷砖饰面构件的排砖图。

· 内、外叶墙板拉结件布置图和保温板布置图。

·计算书。根据《混凝土结构工程施工规范》（GB 50666—2011）的有关规定，应根据设计要求和施工方案对脱模、吊运、运输、安装等环节进行施工验算，例如预制构件、预埋件、吊具等的承载力、变形和裂缝等验算。

（5）预制构件加工单位应根据设计要求、施工要求和相关规定制定生产方案，编制生产计划。

（6）施工总承包单位应根据设计要求、预制构件制作要求和相关规定制定施工方案，编制施工组织设计。

（7）上述生产方案和施工方案应符合国家、行业、建设所在地的相关标准、规范、规程和地方标准等规定；应提交建设单位、监理单位审查，取得书面批准函后方可作为生产和施工依据。

（8）监理单位应对工程全过程进行质量监督和检查，并取得完整、真实的工程检测资料。项目需要实施现场专人质量监督和检查的特殊环节如下。

① 预制构件在构件生产单位的生产过程、出厂检验及验收环节。

② 预制构件进入施工现场的质量复检和资料验收环节。

③ 预制构件安装与连接的施工环节。

（9）预制构件深化设计单位、生产单位、施工总承包单位和监理单位以及其他与工程相关的产品供应厂家，均应严格执行相关规定。

（10）预制构件生产单位、运输单位和工程施工总承包单位应结合工程生产方案和施工方案采取相应的安全操作和防护措施。

（二）预制构件的生产和检验

（1）预制构件模具的尺寸允许偏差和检验方法应符合《装配式混凝土结构技术规程》（JGJ 1-2014）的相关规定。

（2）所有预制构件与现浇混凝土结合面应做粗糙面，无特殊规定时其凹凸度不小于 4 mm，且外露粗骨料的凹凸应沿整个结合面均匀连续分布。

（3）预制构件的允许尺寸偏差除满足《装配式混凝土结构技术规程》（JGJ 1—2014）的有关规定外，还应满足如下要求。

① 预留钢筋允许偏差应符合表 2-22 的规定。

表 2-22　预留钢筋允许偏差

项目	允许偏差 /mm
中心线位置	± 2
外伸长度	+5，−2

② 与现浇结构相邻部位 200 mm 宽度范围内的表面平整度允许偏差应不超过 1 mm。

③ 预制墙板的误差控制应考虑相邻楼板的堵板以及同层相邻墙板的误差，应避免“累计误差”。

（4）预制剪力墙板纵向受力钢筋采用钢筋套筒灌浆连接，钢筋套筒灌浆前，应在现场模拟构件连接接头的灌浆方式，每种规格钢筋应制作不少于 3 个套筒灌浆连接接头，进行灌注质量以及接头抗拉强度的检验。经检验合格后，方可进行灌浆作业。

（5）预制构件外观应光洁平整，不应有严重缺陷，且不宜有一般缺陷；生产单位应根据不同的缺陷制定相应的修补方案，修补方案应包括材料选用、缺陷类型及对应修补方法、操作流程、检查标准等内容，经过监理单位和设计单位书面批准后方可实施。

（6）采用的预制构件应按《混凝土结构工程施工质量验收规范》（GB 50204—2015）的有关规定进行结构性能检验。

（7）预制构件的质量检验除符合上述要求之外，还应符合现行国家、行业的标准、规范和建设所在地的地方规定。

（三）预制构件的运输与堆放

预制构件在运输与堆放过程中应采取可靠措施进行成品保护，如因运输与堆放环节造成预制构件严重缺陷，应视为不合格品，不得安装；预制构件应在其显著位置设置标识，标识内容应包括使用部位、构件编号等，在运输和堆放过程中不得损坏。

1. 预制构件运输

（1）预制构件运输宜选用低平板车，车上应设有专用架，且有可靠的稳定构件的措施。

（2）预制剪力墙板宜采用竖直立放式运输，叠合板预制底板、预制阳台、预制楼梯可采用平放运输，并采取正确的支垫和固定措施。

2. 预制构件堆放

（1）堆放场地应进行场地硬化，并设置良好的排水设施。

（2）预制外墙板采用靠放时，外饰面应朝内。

（3）叠合板预制底板、预制阳台、预制楼梯可采用水平叠放方式，层与层之间应垫平、垫实，最下面一层支垫应通长设置，叠合板预制底板水平叠放层数不应大于 6 层，预制阳台板水平叠放层数不应大于 4 层，预制楼梯水平叠放层数不应大于 6 层。

（四）现场施工规定

（1）预制构件进场时，须进行外观检查，并核收相关质量文件。

（2）施工单位应编制详细的施工组织设计和专项施工方案。

（3）施工单位应对套筒灌浆施工工艺进行必要的试验，对操作人员进行培训、考核；施工现场应派有专人值守和记录，并留有影像资料；应注意对具有瓷砖饰面的预制构件的成品保护。

（4）预制剪力墙的安装。

① 安装前，应对连接钢筋与预制剪力墙板套筒的配合度进行检查，不允许在吊装过程中对连接钢筋进行校正。

② 预制剪力墙外墙板应采用有分配梁或分配桁架的吊具，吊点合力作用线应与预制构件重心重合；预制剪力墙外墙板在校准定位和临时支撑安装完成后方可脱钩。

③ 预制墙板安装就位后，应及时校准并采取与楼层间的临时斜支撑措施，且每个预制墙板的上部斜支撑和下部斜支撑各不宜少于 2 道。

④ 钢筋套筒灌浆应根据分仓设计设置分仓，分仓长度沿预制剪力板长度方向不宜大于 1.5 m，并应对各仓接缝周围进行封堵，封堵措施应符合结合面承载力设计要求，且单边入墙厚度不应大于 20 mm，常用剪力墙墙板的灌浆区域具体划分尺寸参见《预制混凝土剪力墙外墙板》（15G365-1）和《预制混凝土剪力墙内墙板》（15G365-2），其他剪力墙墙板灌浆区域划分见详图。

（5）叠合楼盖的施工。

施工时应设置临时支撑，主要要求如下。

① 第一道横向支撑距墙边不大于 0.5 m。

② 最大支撑间距不大于 2 m。

（6）悬挑构件应层层设置支撑，待结构达到设计承载力要求时方可拆除。

（7）施工操作面应设置安全防护围栏或外架，严格按照施工规程执行。

（8）预制构件在现场施工中的允许误差除满足《装配式混凝土结构技术规程》（JGJ 1—2014）有关规定外，尚应满足表 2-23 的要求。

表 2-23 预制构件在现场施工中的允许误差

项目	允许误差 /mm	项目	允许误差 /mm
预制墙板下现浇结构顶面标高	±2	预制墙板水平 / 竖向缝宽度	±2
预制墙板中心偏移	±2	阳台板进入墙体宽度	0, 3
预制墙板垂直度（2 m 靠尺）	L/1 500 且小于 2	同一轴线相邻楼板 / 墙板高差	±3

（9）附着式塔吊水平支撑和外用电梯水平支撑与主体结构的连接方式应由施工单位确定专项方案，由设计单位审核。

（五）验收规定

（1）装配式结构部分按照混凝土结构子分部工程进行验收。

（2）装配式结构子分部工程进行验收时，除了应满足《装配式混凝土结构技术规程》

（JGJ 1—2014）的有关规定外，还应提供如下资料：提供预制构件的质量证明文件；饰面瓷砖与预制构件基面的黏结强度值。

二、装配式建筑平面布置图

以图 2-18 为例，讲解平面布置图的识读和构件的识读。从图 2-18 中可以看出，平面图中的现浇构件有剪力墙梁 LL1 ～ LL6、次梁 L1 ～ L4、后浇段 GHJ、AHJ、GBZ；预制构件有预制外墙模板 JM1 ～ JM4、预制外墙 YWQ1 ～ YWQ13、预制内墙 YNQ1 ～ YNQ11。现浇构件的识读同现浇结构图纸，这里不再赘述。本书选取预制外墙模板 JM3、预制外墙 YWQ1、预制内墙 YNQ1 来讲述预制构件的识读。

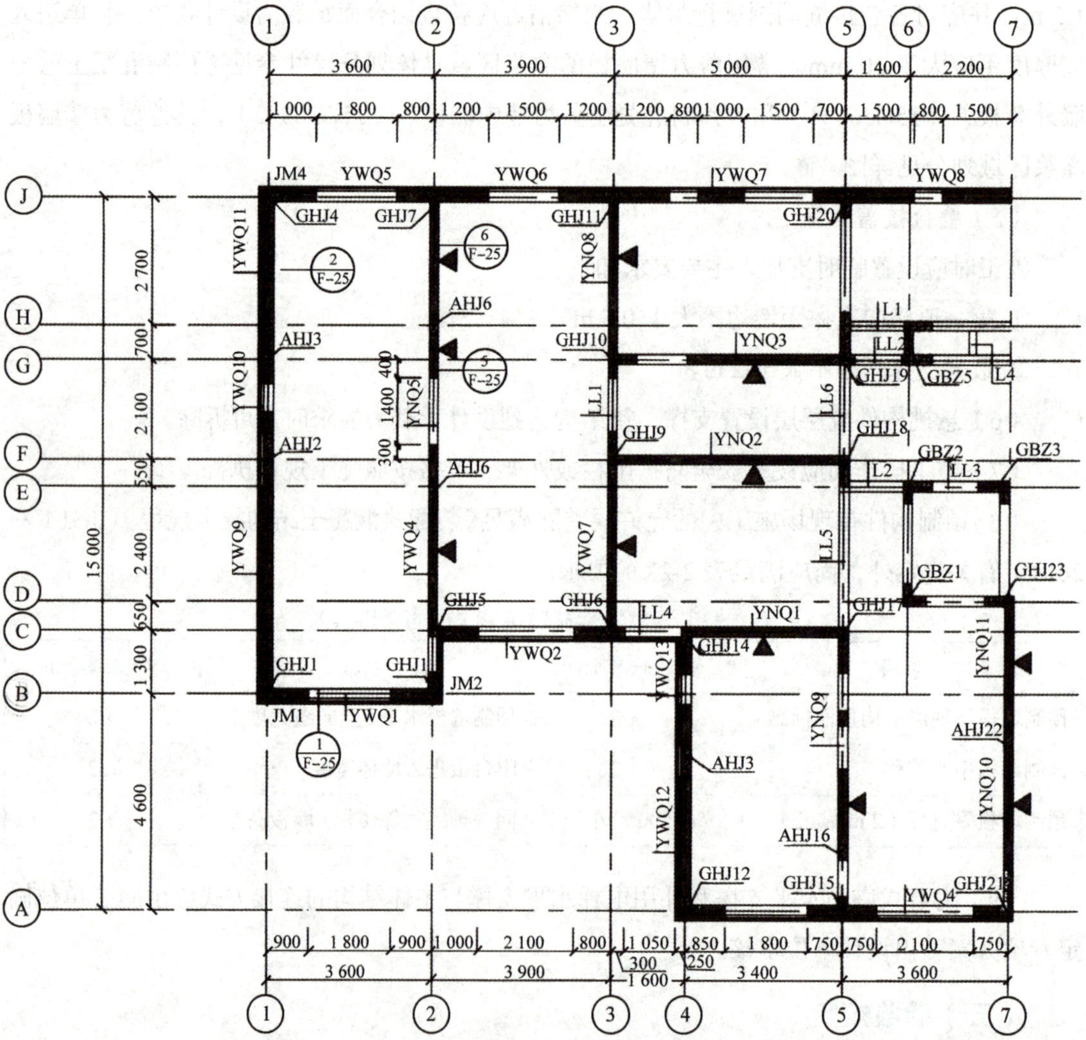

图 2-18　11.500 ～ 57.900 剪力墙平面布置图（单位：mm）

由图 2-18 和表 2-24 可以看出，该建筑分为地下 2 层、地上 21 层，1 层至 3 层为底层加强部位，地下 1 层至地上 4 层为构件边缘构件区域。上部结构的嵌固部位为 -0.100 m，即 1 层地面处。剪力墙梁表见表 2-25，次梁表见表 2-26，预制外墙模板表见表 2-27，预制墙板索引表见表 2-28。

表 2-24　结构层楼面标高表（上部结构嵌固部位：−0.100 m）

	层号	标高 /m	层高 /m	
	屋顶 2	65.200		
	屋顶 1	60.900	4.300	
	……	……	……	
	5	11.500	2.900	
	4	8.600	2.900	约束边缘构件区域
	3	5.700	2.900	约束边缘构件区域
底部加强部位	2	2.800	2.900	约束边缘构件区域
底部加强部位	1	−0.100	2.900	约束边缘构件区域
	−1	−2.750	2.650	约束边缘构件区域
	−2	−5.450	2.700	

表 2-25　剪力墙梁表

编号	所在楼层号	梁顶相对标高高差 /m	梁截面 $b \times h$/mm	上部纵筋	下部纵筋	箍筋
LL1	5 ~ 16	0.000	200 × 600	2 Φ 22	2 Φ 20	Φ 12@100（2）
	17 ~ 20	0.000	200 × 600	2 Φ 18	2 Φ 18	Φ 10@100（2）
……	……	……	……	……	……	……

表 2-26　次梁表

编号	所在楼层号	梁顶相对标高高差 /m	梁截面 $b \times h$/mm	上部纵筋	下部纵筋	箍筋
L1	5 ~ 20	0.000	200 × 500	3 Φ 20	3 Φ 22	Φ 12@100（2）
L2	5 ~ 20	0.000	200 × 400	2 Φ 20	2 Φ 20	Φ 10@100（2）
L3	5 ~ 20	0.000	200 × 500	2 Φ 22	2 Φ 22	Φ 8@100（2）
L4	5 ~ 20	0.000	150 × 400	2 Φ 14	2 Φ 14	Φ 8@100（2）

表 2-27　预制外墙模板表

平面图中的编号	所在层号	所在轴号	外叶墙板厚度 /mm	构件质量 /t	数量	构件详图页码（图号）
JM1	5 ~ 20	B/1	60	0.51	16	结施 -10
JM2	5 ~ 20	B/2	60	0.81	16	结施 -10
JM3	5 ~ 20	A/4	60	0.49	16	15G365-1，228
JM2	5 ~ 20	B/2	60	0.81	16	结施 -10

表 2-28 预制墙板索引表

平面图中的编号	适用构件	外叶墙板/mm	管线预埋/mm	所在层号	所在轴号	墙厚（内叶墙）/mm	构件质量/t	数量	构件详图页码（图号）
YWQ1	WQCA-3329-1817	wy-2 a=20 b=20 c_L=140 d_L=150	—	5～20	1-2/B	200	2.89	16	15G365-1，142，143
YWQ2	WQM3929-2123	wy-2 a=500 b=290 c=3 720 d=150	中区 XR=130	5～20	2-3/C	200	3.02	16	15G365-1，200，201
YWQ3	—	—	—	5～20	4-5/A	200	3.01	16	结施 -24
YWQ7	—	—	—	5～20	3-5/J	200	6.27	16	结施 -26 本图 F-17、F-18
YNQ1	NQ-2729	—	—	5～20	4-5/C	200	3.70	16	15G365-2，30，31
YNQ2	—	—	—	5～20	3-5/F	200	3.47	16	结施 -31
……	……	……	……	……	……	……	……	……	……

从表 2-27 中可以看出，预制外墙模板 JM3 在平面中 A/4 轴处，模板厚度为 60 mm，质量为 0.49 t，具体尺寸和配筋详见《预制混凝土剪力墙外墙板》（15G365-1）228 页的内容。从图集中可以识读 JM3 的厚度为 60 mm，L 形两个边长均为 520 mm+t（t 为保温层厚度），模板高度为层高 +15 mm；在预制模板的顶部 L 形边离边缘 200 mm 处各有一个预埋吊件，吊件的具体做法参考《预制混凝土剪力墙外墙板》（15G365-1）234 页的内容，模板内采用单排焊接双向钢筋网片，钢筋的型号为冷轧带肋钢筋，直径为 5 mm，纵向钢筋为直线形钢筋，长度为层高 -60 mm，横向钢筋为 L 形钢筋，每肢长度为 475 mm+t，钢筋间距小于 150 mm。

由表 2-28 可知，YWQ1 选用《预制混凝土剪力墙外墙板》（15G365-1）142 页和 143 页的 WQCA-3329-1817 构件，即预制外墙的标志宽度是 3 300 mm，高度是 2 900 mm，窗的宽度是 1 800 mm，高度是 1 700 mm；外叶墙板采用 wy-2 型，a=20 mm，b=20 mm，c_L=140 mm，d_L=150 mm，该剪力墙在平面图中 1～2 轴交 B 轴处，内叶墙厚是 200 mm，构件质量是 2.89 t。由《预制混凝土剪力墙外墙板》（15G365-1）142 页的内容可知内外叶板的尺寸、厚度、预埋件的种类和位置，由《预制混凝土剪力墙外墙板》（15G365-1）143 页的内容可知内叶板的配筋、灌浆套筒的位置和型号，由《预制混凝土剪力墙外墙板》（15G365-1）224 页的内容可知外叶墙板配筋的位置等。

YNQ1 选用《预制混凝土剪力墙内墙板》（15G365-2）中的 NQ-2729 型内墙板，内墙的标志宽度是 2 700 mm，高度是 2 900 mm，墙厚度是 200 mm，质量是 3.7 t。由《预制混凝土剪力墙内墙板》（15G365-2）31 页的内容可知内墙的配筋型号、数量、距离、位置、形状等，以及灌浆套筒的位置。

项目小结

本项目介绍了一系列国家建筑标准设计图集，通过对装配式建筑工程图制图规则的学习、装配式混凝土结构（剪力墙结构）施工图表示方法的学习、装配式建筑施工图表示方法示例的学习，读者可以掌握装配式建筑的识图方法和技巧，为从事相关工作打下良好的识图基础。

项 目 工 单

一、任务名称

装配式建筑施工图识读。

二、任务描述

（1）从图书馆借阅或网上下载电子版，来收集下列图集。

①《装配式混凝土结构表示方法及示例（剪力墙结构）》（15G107-1）。

②《预制混凝土剪力墙外墙板》（15G365-1）。

③《预制混凝土剪力墙内墙板》（15G365-2）。

④《桁架钢筋混凝土叠合板（60 mm 厚底板）》（15G366-1）。

⑤《预制钢筋混凝土板式楼梯》（15G367-1）。

⑥《预制钢筋混凝土阳台板、空调板及女儿墙》（15G368-1）。

⑦《装配式混凝土结构连接节点构造（2015 年合订本）》（G310-1 ～ 2）。

（2）认真阅读图集中有关图纸部分的内容。

（3）查阅有关装配式建筑的规范规程。

（4）对装配式剪力墙结构建筑施工图进行识读。

三、分组讨论

以 5 ～ 8 人为一组，选出组长并进行任务分工，将小组成员及分工情况填入表 2-29 中。

表 2-29　小组成员及分工情况

班级：　　　　　　　　　　组号：　　　　　　　　　　指导教师：

小组成员	姓名	学号	任务分工
组长			
组员			

四、任务思考

（1）建筑施工图中哪些构件是预制构件，哪些是现浇构件，哪些是后浇构件？

（2）识图过程中是否需要做好识图记录，为什么？

五、实施过程

按实际操作步骤，将实施内容、遇到的问题及解决办法等记录于表 2-30 中。

表 2-30　工作实施过程记录表

序号	实施内容	遇到的问题及解决办法	结果

六、任务评价

各组展示任务完成情况，并完成考核评价表（表 2-31）。

表 2-31　考核评价表

项目名称	评价内容	满分 / 分	评分 / 分		
			自评	互评	师评
职业素养考核项目	考勤、纪律意识	10			
	团队交流与合作意识	10			
	参与主动性	10			
专业能力考核项目	积极参与教学活动并正确理解任务要求	10			
	认真查找与任务相关的资料	10			
	任务实施过程记录表的完成度	10			

表 2-31（续）

项目名称	评价内容	满分 / 分	评分 / 分		
			自评	互评	师评
专业能力考核项目	对装配式建筑施工图进行识读	20			
	独立完成相应任务的程度	20			
合计		100			
总评	自评（20%）+ 互评（20%）+ 师评（60%）＝	综合等级	指导教师（签名）：		

课后练习

一、填空题

1. 装配式建筑施工图中，图 ■ 表示____________构件。

2. WQC1-3028-1514 表示的意思是带一个窗洞的外墙，其__________为 1 500 mm。

3. WQM-3628-1823 表示的意思是外墙板，其____________为 2 300 mm。

4. DBD67-3324-2 表示为单向板受力叠合板用底板，预制底板厚度为________mm，现浇叠合层厚度为____________mm。

5. NEQ-J1-3614 表示为夹心保温式女儿墙直板，其高度为（　　），长度为（　　）。

二、简答题

1. 在装配式建筑施工图中，现浇混凝土构件、预制混凝土构件和后浇段分别采用什么图例表示？

2. 在装配式建筑施工图中，预制外墙板、预制内墙板、预制叠合梁、预制叠合楼面板、预制外墙模板、预制剪刀楼梯、边缘构件后浇段、叠合板底板接缝、叠合板底板密拼接缝的代号分别是什么？

项目三

装配式建筑构件生产制作

项目导读

预制构件是装配式建筑的基础组件，其质量和产量直接影响建筑工业化的进程。根据预制结构的不同，建筑预制构件的种类繁多，包括预制梁、预制柱、预制墙、预制楼梯、预制挂板等。这些预制构件能够在工厂内统一生产，降低了现场施工的质量问题和环境污染。而在装配式建筑构件生产流程中，必须遵循严格的程序，以保证建筑质量和安全。不同的结构和材料有不同的制造工艺与流程。在每个工序中，都需要进行质量控制和监测，以确保建筑构件在安装后的安全性和可靠性。本项目我们将学习装配式建筑构件生产制作的相关知识。

学习目标

知识目标

1. 了解常见的装配式建筑构件及种类。
2. 熟悉预制柱、预制梁、剪力墙、楼板、外挂墙及楼梯、阳台板、女儿墙的构造要求。

能力目标

1. 能区分各构件的种类。
2. 会根据相应的规范进行构件制作。

素质目标

1. 培养工程生产高效优质的质量意识。
2. 具备持续学习的能力，提高工作热情和职业素养。

思政目标

1. 在科技自立自强的道路上奋力求索。
2. 为推进强国建设、民族复兴做出应有的贡献。

任务一 预制柱和预制梁生产

任务描述

房子的结构主要由立柱、梁、板和墙四个部分组成，这种结构常被称为“立柱+梁+板+墙”结构。本任务我们将学习预制柱和预制梁生产。

任务分析

预制柱主要应用于装配整体式框架结构建筑，是建筑物中垂直的主结构构件，承托它上方物件的质量。竖向采用灌浆套筒灌浆连接，通常与叠合板、叠合梁组合使用，节点处采取现浇混凝土的方式。梁是结构中的水平构件，是将荷载分散到立柱上承受，并起到加强钢筋混凝土立柱的作用，包括普通梁和叠合梁。

任务实施

一、预制柱的种类及构造要求

（一）预制柱的种类

扫一扫 预制柱的种类及构造要求

在装配整体式框架结构建筑中，预制柱按形状分为矩形柱、L 形柱、圆形柱、T 形扁柱、带翼缘柱或其他异形柱。

（二）预制柱的构造要求

1. 预制柱的基本要求

（1）矩形柱边长不宜小于 400 mm，圆形柱直径不宜小于 450 mm，且不宜小于同方向梁宽的 1.5 倍。

（2）柱纵向受力钢筋在柱底连接时，柱箍筋加密区长度不应小于纵向受力钢筋连接区域长度与 500 mm 之和；当采用套筒灌浆连接或浆锚搭接连接等方式时，套筒或搭接段上端第一道箍筋距离套筒或搭接段顶部不应大于 50 mm，如图 3-1 所示。

（3）柱纵向受力钢筋直径不宜小于 20 mm，纵向受力钢筋的间距不宜大于 200 mm 且不应大于 400 mm。柱的纵向受力钢筋可集中于四角配置且宜对称布置。柱中可设置纵向辅助钢筋且直径不宜小于 12 mm 和箍筋直径；当正截面承载力计算不计入纵向辅助钢筋时，纵向辅助钢筋可不伸入框架节点，如图 3-2 所示。

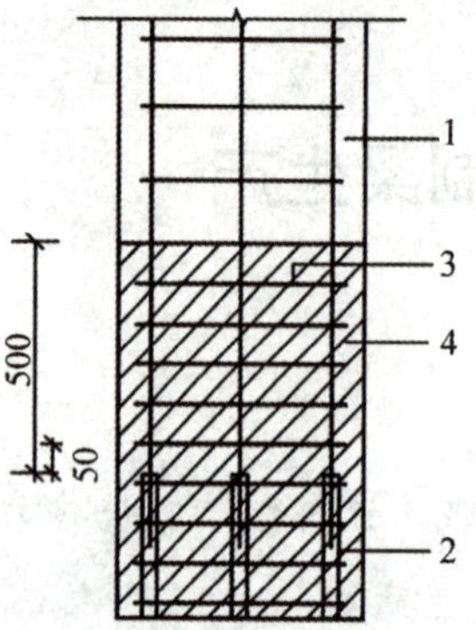

1—预制柱；2—连接接头（或钢筋连接区域）；
3—加密区箍筋；4—箍筋加密区（为斜线填充区域）。

图 3-1　柱底箍筋加密区域构造示意图（单位：mm）

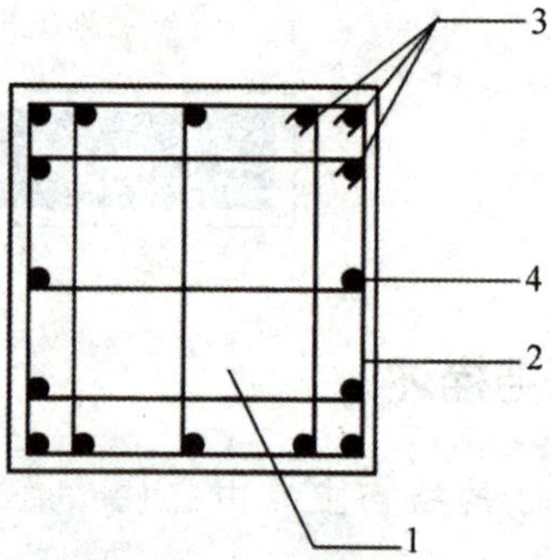

1—预制柱；2—箍筋；
3—纵向受力钢筋；4—纵向辅助钢筋。

图 3-2　柱中配筋构造平面示意图

2. 预制柱与其他构件连接的构造要求

（1）采用预留孔插筋（图 3-3）法时，预制柱与基础的连接应符合下列规定。

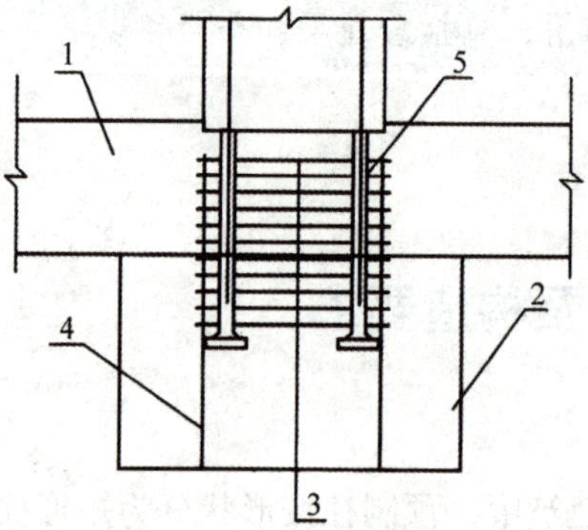

1—基础梁；2—基础；3—箍筋；4—基础插筋；5—预留孔。

图 3-3　预留孔插筋

① 预留孔长度应大于柱主筋搭接长度。

② 预留孔宜选用封底镀锌波纹管，封底应密实，不应漏浆。

③ 管的内径不应小于柱主筋外切圆直径 10 mm。

④ 灌浆材料宜用无收缩灌浆料，1 d 龄期的强度不宜低于 25 MPa，28 d 龄期的强度不宜低于 60 MPa。

（2）采用预制柱及叠合梁的装配整体式框架节点，梁纵向受力钢筋应伸入后浇节点区内锚固或连接，并应符合下列规定。

① 对框架中间层中节点，节点两侧的梁下部纵向受力钢筋宜锚固在后浇节点区内，如图 3-4（a）所示，也可采用机械连接或焊接的方式直接连接，如图 3-4（b）所示。梁的上部纵向受力钢筋应贯穿后浇节点区。

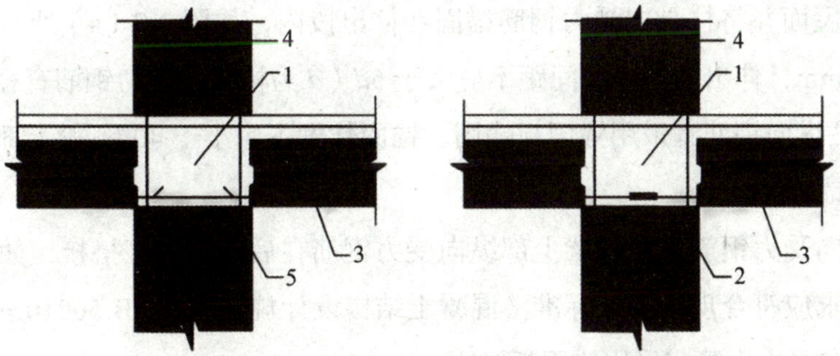

（a）梁下部纵向受力钢筋锚固　　（b）梁下部纵向受力钢筋连接

1—后浇区；2—梁下部纵向受力钢筋连接；3—预制梁；4—预制柱；5—梁下部纵向受力钢筋锚固。

图 3-4　预制柱及叠合梁框架中间层中节点构造示意图

② 对框架中间层端节点，当柱截面尺寸不满足梁纵向受力钢筋的直线锚固要求时，宜采用锚固板锚固，如图 3-5 所示，也可采用 90°弯折锚固。

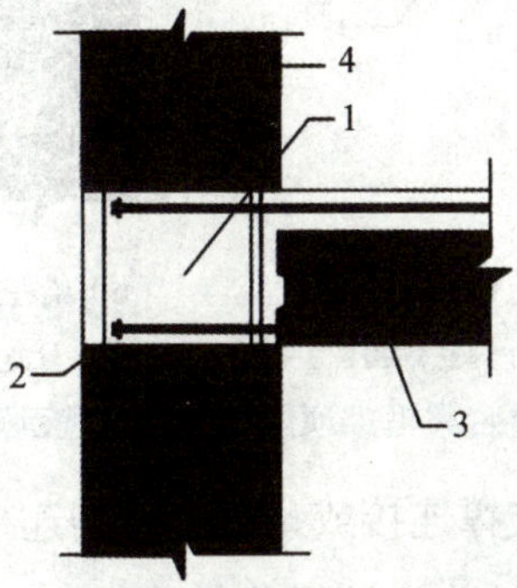

1—后浇区；2—梁纵向受力钢筋锚固；3—预制梁；4—预制柱。

图 3-5　预制柱及叠合梁框架中间层端节点构造示意图

③ 对框架顶层中节点，梁纵向受力钢筋的构造应符合①的规定。柱纵向受力钢筋宜采用直线锚固；当梁截面尺寸不满足直线锚固要求时，宜采用锚固板锚固，如图 3-6 所示。

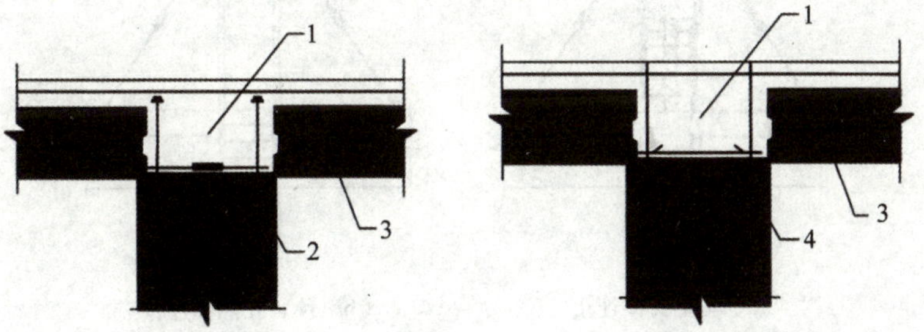

（a）梁下部纵向受力钢筋连接　　（b）梁下部纵向受力钢筋锚固

1—后浇区；2—梁下部纵向受力钢筋连接；3—预制梁；4—梁下部纵向受力钢筋锚固。

图 3-6　预制柱及叠合梁框架顶层中节点构造示意图

④ 对框架顶层端节点，梁下部纵向受力钢筋应锚固在后浇节点区内，且宜采用锚固板的锚固方式。梁、柱其他纵向受力钢筋的锚固应符合下列规定。

柱宜伸出屋面并将柱纵向受力钢筋锚固在伸出段内，如图 3-7（a）所示，伸出段长度不宜小于 500 mm，伸出段内箍筋间距不应大于 5*d*（*d* 为柱纵向受力钢筋直径），且不应大于 100 mm；柱纵向钢筋宜采用锚固板锚固，锚固长度不应小于 40*d*；梁上部纵向受力钢筋宜采用锚固板锚固。

柱外侧纵向受力钢筋也可与梁上部纵向受力钢筋在后浇节点区搭接，如图 3-7（b）所示，其构造要求应符合现行国家标准《混凝土结构设计规范》（GB 50010—2010）中的规定，柱内侧纵向受力钢筋宜采用锚固板锚固。

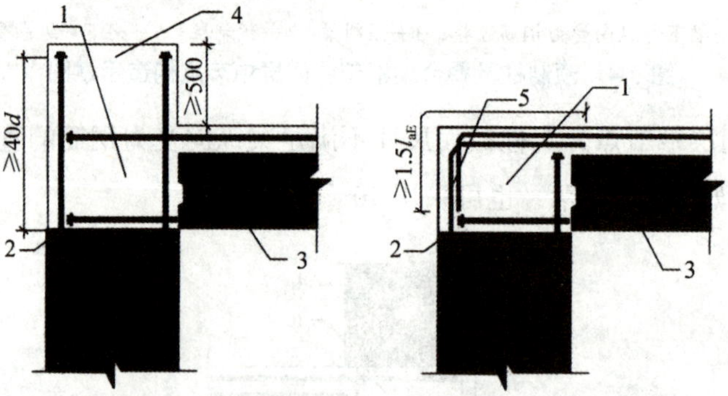

（a）柱向上伸长　　（b）梁柱外侧钢筋搭接

1—后浇区；2—梁下部纵向受力钢筋锚固；3—预制梁；4—柱延伸段；5—梁柱外侧钢筋搭接。

图 3-7　预制柱及叠合梁框架顶层端节点构造示意图（单位：mm）

（3）预制柱之间采用型钢支撑连接或预留孔插筋连接（图 3-8）时，主筋搭接长度除了应符合现行国家标准《混凝土结构设计规范》（GB 50010—2010）的有关规定外，还应符合下列规定。

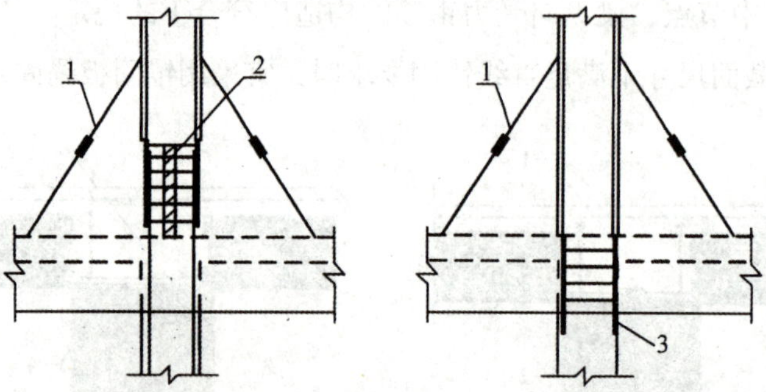

（a）型钢支撑连接　　（b）预留孔插筋连接

1—可调斜撑；2—工字钢（承受上柱自重）；3—预留孔。

图 3-8　柱与柱连接

① 采用型钢支撑连接时，宜用工字钢，工字钢伸出上段柱下表面的长度应大于柱主筋的搭接长度，且工字钢应有足够的承载力及刚度支撑上段柱的质量。

② 采用预留孔连接时，应符合预制柱与基础采用预留孔插筋法的要求。

（4）柱与梁的连接可采用键槽节点，如图 3-9 所示。键槽的 U 形钢筋直径不应小于 12 mm、不宜大于 20 mm。键槽内钢绞线弯锚长度不应小于 210 mm，U 形钢筋的锚固长度应满足现行国家标准《混凝土结构设计规范》（GB 50010—2010）的规定。当预留键槽壁时，壁厚宜取 40 mm；当不预留键槽壁时，现场施工时应在键槽位置设置模板，安装键槽部位箍筋和 U 形钢筋后方可浇筑键槽混凝土。U 形钢筋在边节点处钢筋水平长度未伸过柱中心时不得向上弯折。

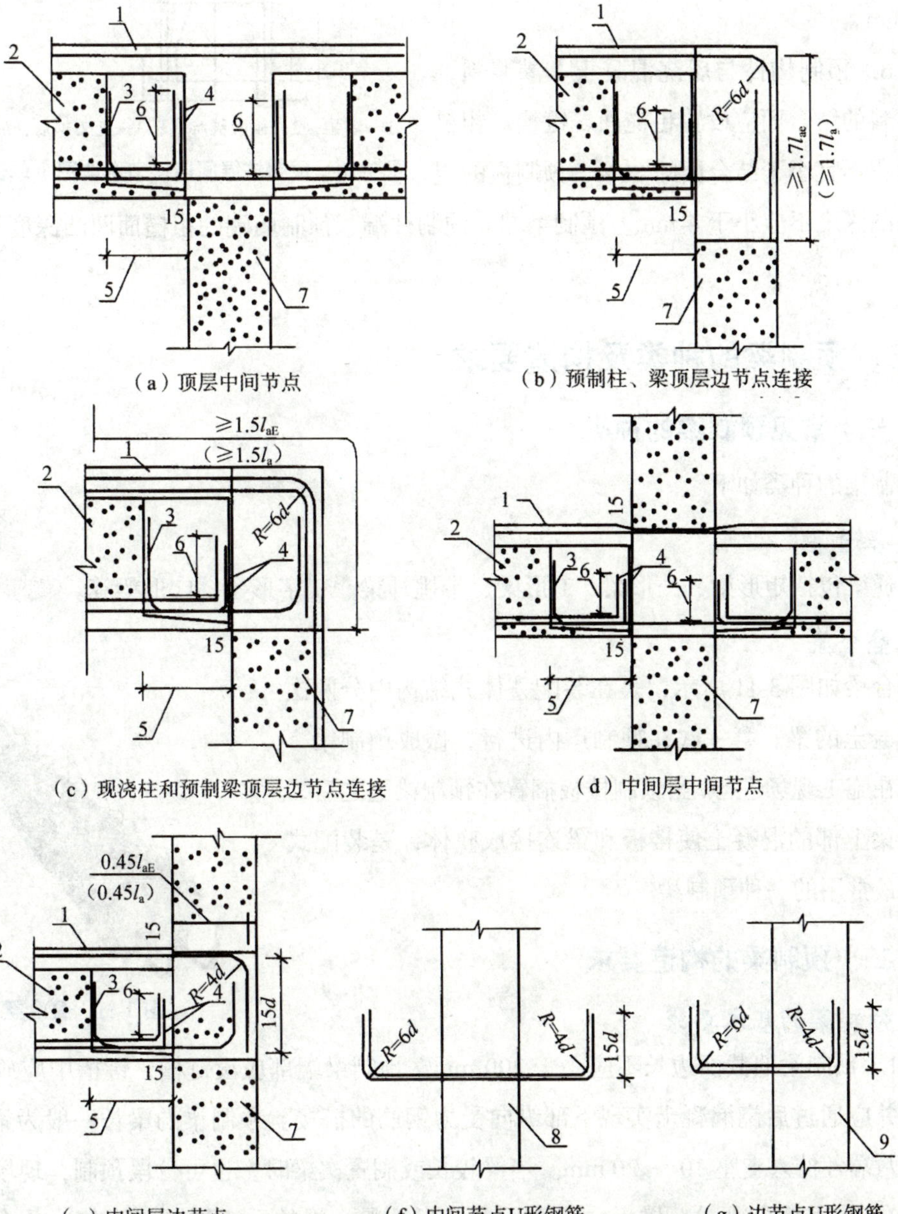

（a）顶层中间节点　（b）预制柱、梁顶层边节点连接

（c）现浇柱和预制梁顶层边节点连接　（d）中间层中间节点

（e）中间层边节点　（f）中间节点U形钢筋　（g）边节点U形钢筋

1—叠合层；2—预制梁；3—U 形钢筋；4—预制梁中伸出、弯折的钢绞线；5—键槽长度；6—钢绞线弯锚长度；7—框架柱；8—中柱；9—边柱；l_{aE}—受拉钢筋抗震锚固长度；l_a—受拉钢筋锚固长度。

图 3-9　梁柱节点浇筑前钢筋连接构造（单位：mm）

（5）预制柱层间连接节点处应增设交叉钢筋，并应与纵筋焊接，如图 3-10 所示。交叉钢筋每侧应设置 1 片，每根交叉钢筋斜段垂直投影长度可比叠合梁高少 40 mm，端部直段长度可取为 300 mm。交叉钢筋的强度等级不宜小于 HRB335，其直径应按运输、施工阶段的承载力及变形要求计算确定，且不应小于 12 mm。

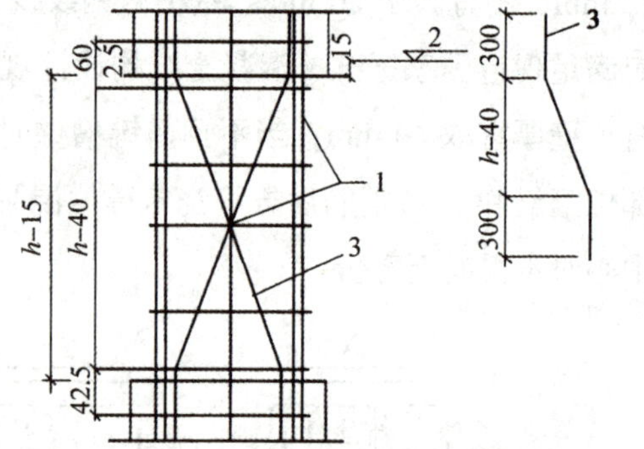

1—焊接；2—楼面板标高；3—交叉钢筋；h—梁高。

图 3-10　预制柱层间连接节点详图（单位：mm）

（6）预制构件与后浇混凝土、灌浆料、坐浆材料的结合面应设置粗糙面、键槽。粗糙面的面积不宜小于结合面的 80%，预制板的粗糙面凹凸深度不应小于 4 mm，预制梁端、预制柱端、预制墙端的粗糙面凹凸深度不应小于 6 mm。

二、预制梁的种类及构造要求

（一）常见预制梁的种类

预制梁的种类如下。

1. 普通梁

普通梁包括矩形梁、凸形梁、T 形梁、带挑耳梁、工字形梁、U 形梁等。

2. 叠合梁

叠合梁如图 3-11 所示，是在装配整体式结构中分两次浇捣混凝土的梁。第一次在预制厂内进行，做成预制梁，第二次在施工现场进行，当预制楼板搁置在预制梁上之后，再浇捣梁上部的混凝土使楼板和梁连接成整体，是装配式建筑中最常用的一种预制梁。

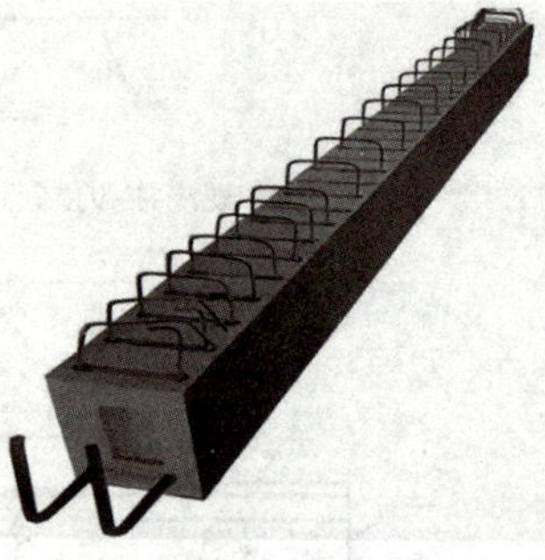

图 3-11　叠合梁

（二）预制梁的构造要求

1. 预制梁的基本要求

（1）预制梁的截面边长不应小于 200 mm。预制梁端部应设键槽，键槽中应放置 U 形钢筋，并应通过后浇混凝土实现下部纵向受力钢筋的搭接。预制梁的梁长一般为梁的净跨度加上两端各伸入支座 10 ～ 20 mm。当梁较长或搁置次梁时，也可分段预制，现场拼接。

（2）采用叠合梁时，楼板一般采用叠合板，梁、板的后浇层同时浇筑。叠合梁通常采用矩形截面。叠合梁的叠合层混凝土的厚度不宜小于 100 mm，混凝土强度等级不宜低于 C30。预制梁的箍筋应全部伸入叠合层，且各肢伸入叠合层的直线段长度不宜小于

10d（d 为箍筋直径）。预制梁的顶面应做成凹凸差不小于 6 mm 的粗糙面。

2. 预制梁与其他构件连接的构造要求

（1）装配整体式框架结构中，当采用叠合梁时，框架梁的后浇混凝土叠合层厚度不宜小于 150 mm，如图 3-12（a）所示，次梁的后浇混凝土叠合层厚度不宜小于 120 mm；当采用凹口截面预制梁时，如图 3-12（b）所示，凹口深度不宜小于 50 mm，凹口边厚度不宜小于 60 mm。

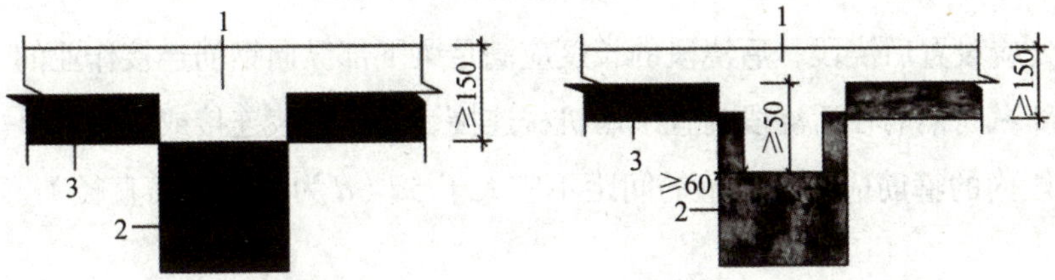

（a）矩形截面预制梁　（b）凹口截面预制梁

1—后浇混凝土叠合层；2—预制梁；3—预制板。

图 3-12 叠合框架梁截面示意图（单位：mm）

（2）叠合梁的箍筋配置应符合下列规定。

① 抗震等级为一、二级的叠合梁的梁端箍筋加密区宜采用整体封闭箍筋，如图 3-13（a）所示。

② 采用组合封闭箍筋的形式时，如图 3-13（b）所示，开口箍筋上方应做成 135° 弯钩。非抗震设计时，弯钩端头平直段长度不应小于 5d（d 为箍筋直径）；抗震设计时，平直段长度不应小于 10d。现场应采用箍筋帽封闭开口箍，箍筋帽末端应做成 135° 弯钩。非抗震设计时，弯钩端头平直段长度不应小于 5d；抗震设计时，平直段长度不应小于 10d。

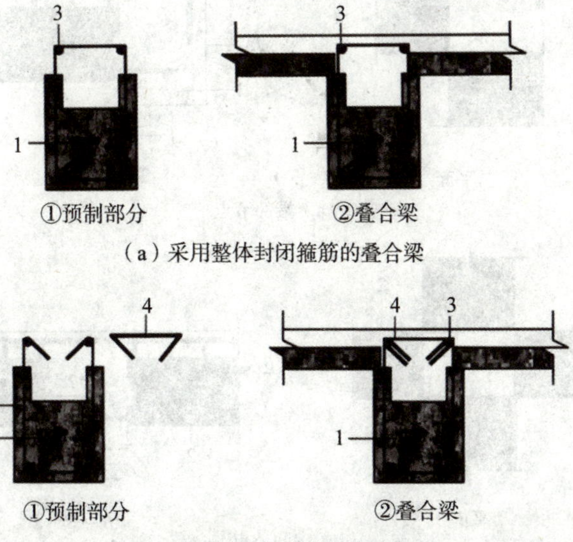

（b）采用组合封闭箍筋的叠合梁

1—预制梁；2—开口箍筋；3—上部纵向钢筋；4—箍筋帽。

图 3-13 叠合梁箍筋构造示意图

（3）叠合梁可采用对接连接，如图 3-14 所示，并应符合下列规定。

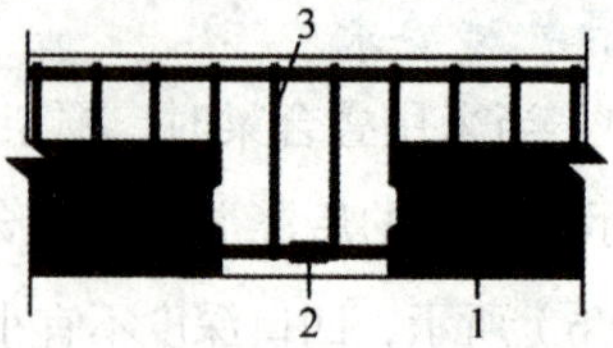

1—预制梁；2—钢筋连接接头；3—后浇段。

图 3-14　叠合梁连接节点示意图

① 连接处应设置后浇段，后浇段的长度应满足梁下部纵向钢筋连接作业的空间需求。

② 梁下部纵向钢筋在后浇段内宜采用机械连接、套筒灌浆连接或焊接连接。

③ 后浇段内的箍筋应加密，箍筋间距不应大于 5d（d 为纵向钢筋直径），且不应大于 100 mm。

（4）主梁与次梁采用后浇段连接时，应符合下列规定。

① 在端部节点处，次梁下部纵向钢筋伸入主梁后浇段内的长度不应小于 12d（d 为纵向钢筋直径）。次梁上部纵向钢筋应在主梁后浇段内锚固。当采用弯折锚固［图 3-15（a）］或锚固板时，锚固直段长度不应小于 0.6l_{ab}；当钢筋应力不大于钢筋强度设计值的 50% 时，锚固直段长度不应小于 0.35l_{ab}；弯折锚固的弯折后直段长度不应小于 12d。

② 在中间节点处，两侧次梁的下部纵向钢筋伸入主梁后浇段内长度不应小于 12d（d 为纵向钢筋直径）；次梁上部纵向钢筋应在现浇层内贯通，如图 3-15（b）所示。

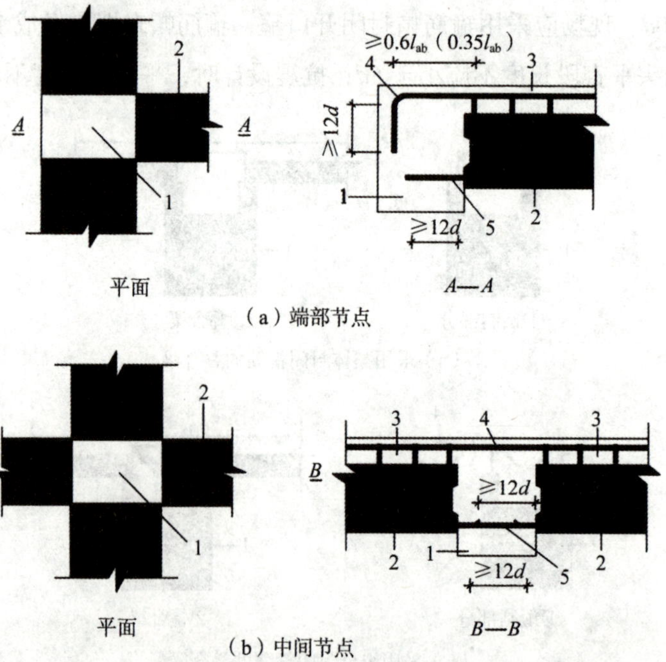

1—主梁后浇段；2—次梁；3—后浇混凝土叠合层；4—次梁上部纵向钢筋；5—次梁下部纵向钢筋。

图 3-15　主次梁连接节点构造示意图

（5）次梁可采用吊筋形式的缺口梁方式与主梁连接，如图 3-16 所示，并应符合下列规定。

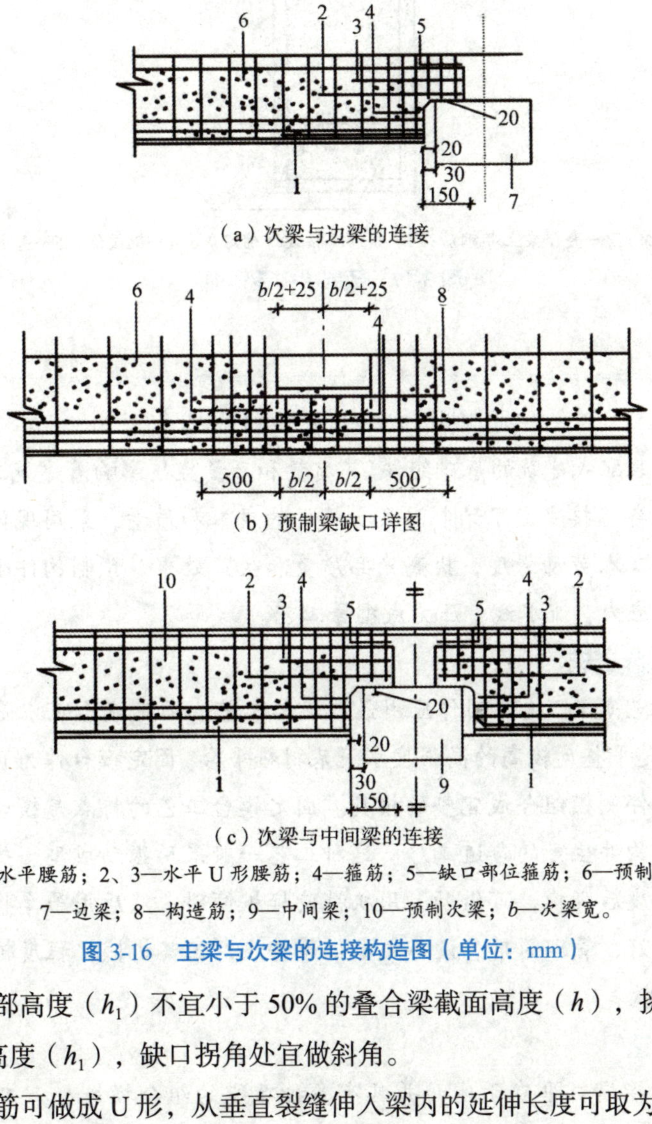

1—水平腰筋；2、3—水平 U 形腰筋；4—箍筋；5—缺口部位箍筋；6—预制梁；7—边梁；8—构造筋；9—中间梁；10—预制次梁；b—次梁宽。

图 3-16 主梁与次梁的连接构造图（单位：mm）

① 缺口梁端部高度（h_1）不宜小于 50% 的叠合梁截面高度（h），挑出部分长度（a）可取缺口梁端部高度（h_1），缺口拐角处宜做斜角。

② 纵筋及腰筋可做成 U 形，从垂直裂缝伸入梁内的延伸长度可取为 1.7 倍钢筋的锚固长度（l_a）。腰筋间距不宜大于 100 mm，不宜小于 50 mm，最上排腰筋与梁顶距离不应小于缺口梁端部高度（h_1）的 1/3。

③ 箍筋应为封闭箍筋，距梁边距离不应大于 40 mm。

（6）预制梁底角部应设置普通钢筋，两侧应设置腰筋，如图 3-17 所示。预制梁端部应设置保证钢绞线位置的带孔模板；钢绞线的分布宜分散、对称；其混凝土保护层厚度（指钢绞线外边缘至混凝土表面的距离）不应小于 55 mm；下部纵向钢绞线水平方向的净间距不应小于 35 mm 和钢绞线直径；各层钢绞线之间的净间距不应小于 25 mm 和钢绞线直径。梁跨度较小时，可不配置预应力筋。

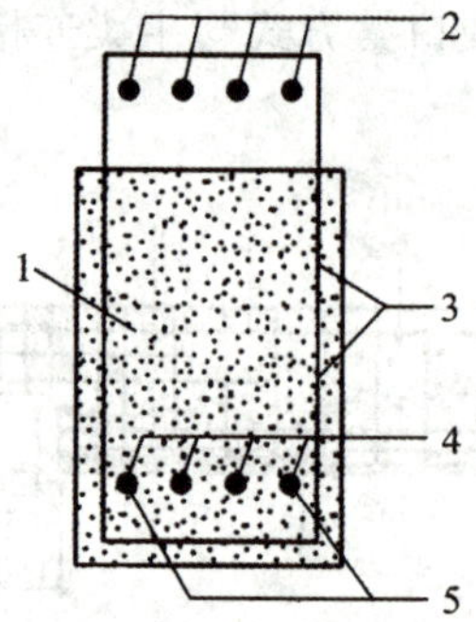

1—预制梁；2—叠合梁上部钢筋；3—腰筋（按设计确定）；4—钢绞线；5—普通钢筋。

图 3-17　预制梁构造详图

拓展阅读

预制构件生产线类型及特点

预制构件是装配式建筑的基础组件，其质量和产量直接影响着建筑工业化的进程。预制构件生产装备直接决定了预制混凝土构件的成本和质量，采用现代化、机械化的生产线可以减小工人劳动强度，提高产品质量和生产效率。预制构件生产线包括固定模台、立模、预应力、流水线、压力成型等工艺。

一、固定模台工艺

固定模台工艺是PC构件制作应用最广泛的工艺。固定模台可以是平整度较高的钢平台，也可以是平整度较高的高强度水泥基材料平台。固定模台作为PC构件的底模，在模台上固定构件侧模组合成完整的模具。固定模台工艺的特点是模台固定不动，在一个位置上完成构件生产的各道工序。这种工艺一般采用振动成型、热模养护。构件应在达到起吊强度后脱模，可借助专用机械使模板倾斜，然后用吊车将构件脱模。该工艺具有适用性好、管理简单、设备成本低等特点，但其机械化程度较低，消耗人工较多，生产效率低。

二、立模工艺

立模工艺是指模板垂直于地面并具有多种功能的组合模板生产工艺。模板是箱体，腔内可通入蒸汽，侧模装有振动设备。从模板上方分层浇筑混凝土后，可分层振动成型。与平模工艺相比，立模工艺可节约生产空间，提高生产效率，而且构件的两个表面同样平整，通常用于生产外形比较简单而又要求两面平整的构件，如内墙板、楼梯段等。立模工艺的缺点是受制于构件形状，通用性较差。立模通常成组组合使用，称为组立模，可同时生产多个构件。每块立模板均装有行走轮，能以上悬或下支方式做水平移动，以满足拆模、清模、布筋、支模等工序的操作需要。

三、预应力工艺

预应力工艺（也称长线台模工艺）是PC构件固定生产方式的一种。台座一般长 100 ～ 180 m，用混凝土或钢筋混凝土灌注而成；台座两端是钢筋张拉设备和固定端。在台座上，按构件的种类和规格现支模板进行构件的单层或叠层生产，适用于制作大跨度预应力混凝土楼板、预应力叠合楼板或预应力空心楼板。预应力工艺具有投资少、设备简单、生产效率高等优点。

四、流水线工艺

流水线工艺的特点是，模台是移动的，人员是固定的，构件在移动中完成各道制作工序。按照模台移动方式，流水线工艺分为平模传送流水线工艺和平模机组流水线工艺。

1. 平模传送流水线工艺

平模传送流水线工艺是将模台（也称移动台模或托盘）放置在滚轴或轨道上，在生产线上按工艺要求一次设置若干操作工位。模台下装有行走轮，可在轨道上移动，在沿生产线行走的过程中完成各道工序，然后将成型的构件连同台模送进养护窑养护。这种工艺机械化程度高，生产效率高，可连续循环作业，便于实现自动化生产。根据自动化程度的不同，平模传送流水线工艺可分为手控、半自动、全自动三种类型。该工艺适用于生产较大型的板类构件，如大楼板、内外墙板等。

2. 平模机组流水线工艺

平模机组流水线工艺生产线一般建在厂房内，适合生产板类构件，如民用建筑的楼板、墙板、阳台板，工业建筑的屋面板等。在模内布置钢筋后，用吊车将模板吊至指定工位，用浇灌机往模板内浇筑混凝土，经振动成型后，再用吊车将模板连同成型的构件送至养护窑养护。这种工艺的特点是主要机械设备相对固定，模板借助吊车移动，在移动过程中完成构件的生产。

五、压力成型工艺

压力成型工艺是 PC 构件生产工艺的新发展，其特点是不用振动成型，可以消除噪声。混凝土浇入钢模后，采用滚压机碾实，然后被送入养护窑养护。

任务二　剪力墙生产

任务描述

在上个任务中，我们学习了预制柱和预制梁构造要求，本任务我们将学习剪力墙的种类及构造要求。

任务分析

预制混凝土墙构件是指在预制厂加工制成供建筑装配用的混凝土板形构件，其受力构件主要是剪力墙，一般分为剪力墙内墙板和剪力墙外墙板。

任务实施

一、常见剪力墙墙板的种类

剪力墙墙板按其形状分为标准型墙板（一字形）、T 形墙板、L 形墙板、U 形墙板等；按其构造形式分为实心墙板、双面叠合墙板、夹芯保温墙板及预制圆孔墙板等。

二、预制剪力墙的构造要求

（一）预制剪力墙的基本要求

（1）抗震设计时，对同一层内既有现浇墙肢也有预制墙肢的装配整体式剪力墙结构，现浇墙肢水平地震作用弯矩、剪力宜乘以不小于 1.1 的增大系数。

（2）装配整体式剪力墙结构的布置应满足下列要求。

① 应沿两个方向布置剪力墙。

② 剪力墙的截面宜简单、规则；剪力墙门窗洞口宜上下对齐、成列布置，形成明确的墙肢和连梁；抗震等级为一、二、三级的剪力墙底部加强部位不应采用错洞墙，结构全高均不应采用叠合错洞墙。

③ 抗震设计时，高层装配整体式剪力墙结构不应全部采用短肢剪力墙；抗震设防烈度为Ⅷ时，不宜采用具有较多短肢剪力墙的剪力墙结构。

④ 抗震设防烈度为Ⅷ时，高层装配整体式剪力墙结构中的电梯井筒宜采用现浇混凝土结构。

（3）预制剪力墙宜采用一字形，也可采用 L 形、T 形或 U 形；开洞预制剪力墙洞口宜居中布置，洞口两侧的墙肢宽度不应小于 200 mm，洞口上方连梁高度不宜小于 250 mm。

（4）预制剪力墙的连梁不宜开洞；当需开洞时，洞口宜预埋套管，洞口上、下截面的有效高度不宜小于梁高的 1/3，且不宜小于 200 mm；被洞口削弱的连梁截面应进行承载力验算，洞口处应配置补强纵向钢筋和箍筋；补强纵向钢筋的直径不应小于 12 mm。

（5）当预制外墙采用夹心墙板时，应满足下列要求。

① 外叶墙板厚度不应小于 50 mm，且外叶墙板应与内叶墙板可靠连接。

② 夹心外墙板的夹层厚度不宜大于 120 mm。

③ 当作为承重墙时，内叶墙板应按剪力墙进行设计。

（二）预制剪力墙与其他构件连接的构造要求

（1）预制剪力墙与基础的连接应符合下列规定。

① 基础顶面应设置现浇混凝土圈梁，圈梁上表面应设置粗糙面。

② 预制剪力墙的连接钢筋应在基础中可靠锚固，且宜伸入基础底部。

③ 剪力墙后浇暗柱和竖向接缝内的纵向钢筋应在基础中可靠锚固，且宜伸入基础底部。

（2）预制剪力墙竖向钢筋采用套筒灌浆连接时，自套筒底部至套筒顶部并向上延伸300 mm范围内，预制剪力墙的水平分布钢筋应加密，如图3-18所示，加密区水平分布钢筋的最大间距及最小直径应符合表3-1的规定，套筒上端第一道水平分布钢筋距离套筒顶部不应大于50 mm。

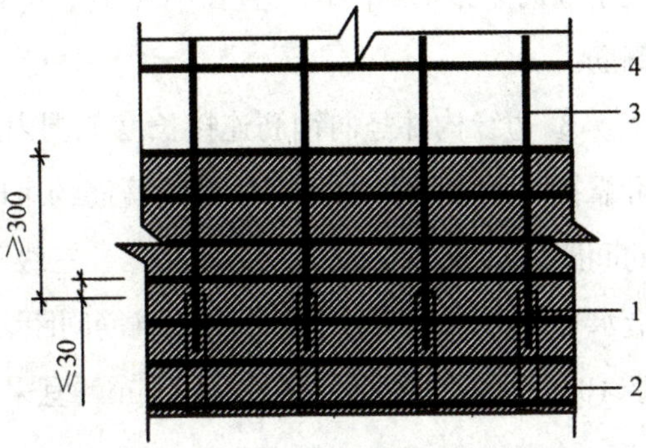

1—灌浆套筒；2—水平分布钢筋加密区域（阴影区域）；3—竖向钢筋；4—水平分布钢筋。

图3-18　钢筋套筒灌浆连接部位水平分布钢筋加密构造示意图（单位：mm）

表3-1　加密区水平分布钢筋的要求

抗震等级	最大间距/mm	最小直径/mm
一、二级	100	8
三、四级	150	8

（3）预制剪力墙竖向钢筋采用浆锚搭接连接时，应符合下列规定。

① 墙体底部预留灌浆孔道直线段长度应大于下层预制剪力墙连接钢筋伸入孔道内的长度30 mm，孔道上部应根据灌浆要求设置合理弧度。孔道直径不宜小于40 mm和2.5d（d为伸入孔道的连接钢筋直径）的较大值，孔道之间的水平净间距不宜小于50 mm；孔道外壁至剪力墙外表面的净间距不宜小于30 mm。当采用其他成孔方式时，应对不同预留成孔工艺、孔道形状、孔道内壁的粗糙度或花纹深度及间距等形成的连接接头进行力学性能及适用性的试验验证。

② 竖向钢筋连接长度范围内的水平分布钢筋应加密，加密范围自剪力墙底部至预留灌浆孔道顶部，且不应小于300 mm，如图3-19所示。加密区水平分布钢筋的最大间距及最小

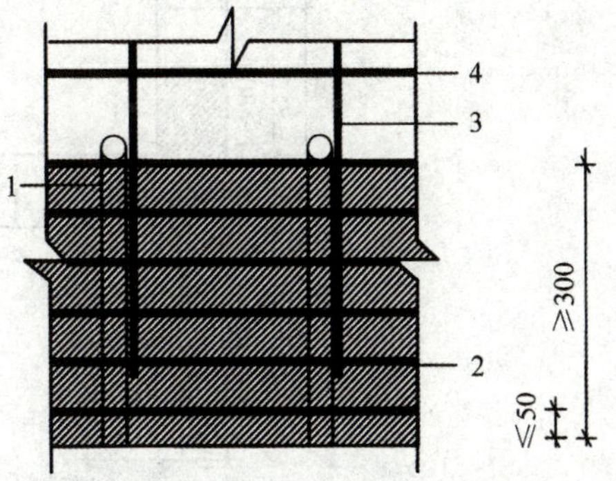

1—预留灌浆孔道；2—水平分布钢筋加密区域（阴影区域）；3—竖向钢筋；4—水平分布钢筋。

图3-19　钢筋浆锚搭接连接部位水平分布钢筋加密构造示意图（单位：mm）

直径应符合表 3-1 的规定，最下层水平分布钢筋距离墙身底部不应大于 50 mm。剪力墙竖向分布钢筋连接长度范围内未采取有效横向约束措施时，水平分布钢筋加密范围内的拉筋应加密；拉筋沿竖向的间距不宜大于 300 mm 且不少于 2 排；拉筋沿水平方向的间距不宜大于竖向分布钢筋间距，直径不应小于 6 mm；拉筋应紧靠被连接钢筋，并钩住最外层分布钢筋。

③ 边缘构件竖向钢筋连接长度范围内应采取加密水平封闭箍筋的横向约束措施或其他可靠措施。当采用加密水平封闭箍筋约束时，应沿预留孔道直线段全高加密。箍筋沿竖向的间距，一级不应大于 75 mm，二、三级不应大于 100 mm，四级不应大于 150 mm；箍筋沿水平方向的肢距不应大于竖向钢筋间距，且不宜大于 200 mm；箍筋直径一、二级不应小于 10 mm，三、四级不应小于 8 mm，宜采用焊接封闭箍筋，如图 3-20 所示。

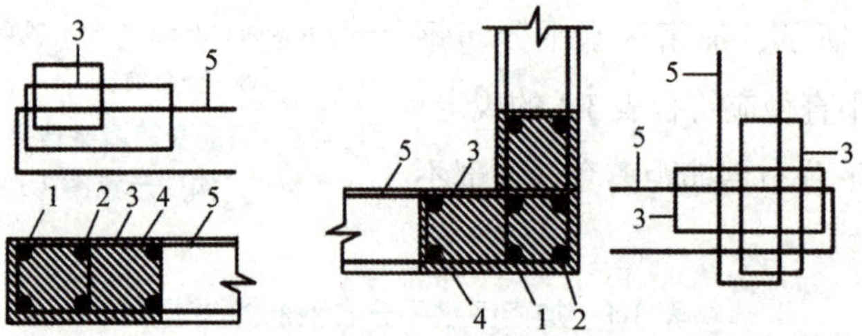

（a）暗柱　　（b）转角墙

1—上层预制剪力墙边缘构件竖向钢筋；2—下层剪力墙边缘构件竖向钢筋；
3—封闭箍筋；4—预留灌浆孔道；5—水平分布钢筋。

图 3-20　钢筋浆锚搭接连接长度范围内加密水平封闭箍筋约束构造示意图

（4）楼层内相邻预制剪力墙之间应采用整体式接缝连接，且应符合下列规定。

① 当接缝位于纵横墙交接处的约束边缘构件区域时，约束边缘构件的阴影区域，如图 3-21 所示，宜全部采用后浇混凝土，并应在后浇段内设置封闭箍筋。

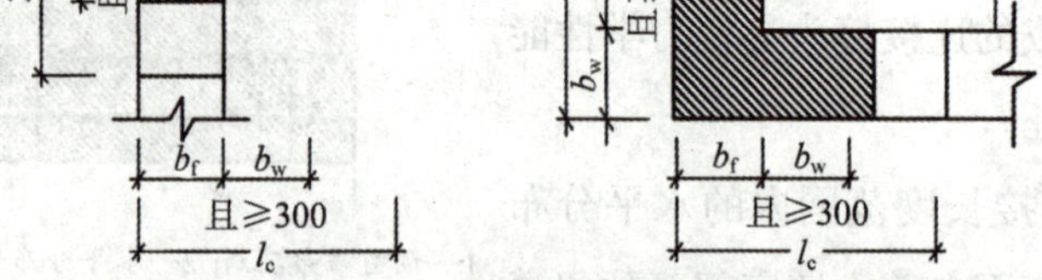

（a）转角墙　　（b）有翼墙

1—后浇段；2—预制剪力墙。

图 3-21　约束边缘构件阴影区域全部后浇构造示意图（阴影区域为斜线填充范围，单位：mm）

② 当接缝位于纵横墙交接处的构造边缘构件区域时，构造边缘构件宜全部采用后浇混凝土，如图 3-22 所示；当仅在一面墙上设置后浇段时，后浇段的长度不宜小于 300 mm，如图 3-23 所示。

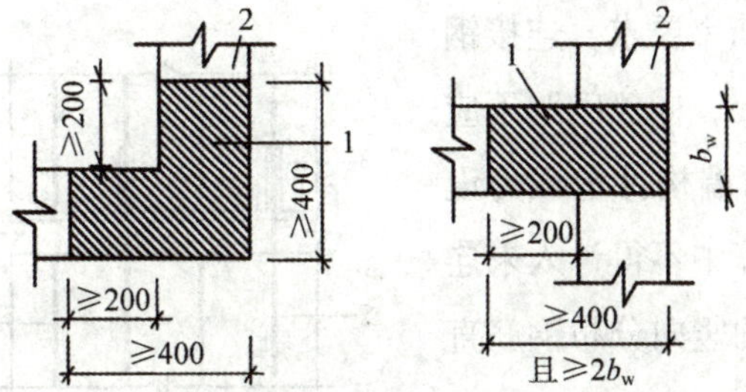

（a）转角墙　　（b）有翼墙

1—后浇段；2—预制剪力墙。

图 3-22　构造边缘构件全部后浇构造示意图（阴影区域为构造边缘构件范围，单位：mm）

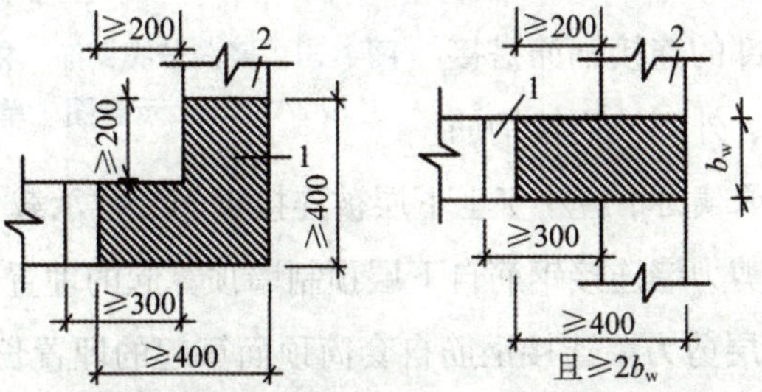

（a）转角墙　　（b）有翼墙

1—后浇段；2—预制剪力墙。

图 3-23　构造边缘构件部分后浇构造示意图（阴影区域为构造边缘构件范围，单位：mm）

③ 边缘构件内的配筋及构造要求应符合现行国家标准《建筑抗震设计规范（2016 年版）》（GB 50011—2010）的有关规定；预制剪力墙的水平分布钢筋在后浇段内的锚固、连接应符合现行国家标准《混凝土结构设计规范》（GB 50010—2010）的有关规定。

④ 非边缘构件位置，相邻预制剪力墙之间应设置后浇段，后浇段的宽度不应小于墙厚且不宜小于 200 mm；后浇段内应设置不少于 4 根竖向钢筋，钢筋直径不应小于墙体竖向分布钢筋直径且不应小于 8 mm。两侧墙体的水平分布钢筋在后浇段内的连接应符合现行国家标准《混凝土结构设计规范》（GB 50010—2010）的有关规定。

（5）当采用套筒灌浆连接或浆锚搭接连接时，预制剪力墙底部接缝宜设置在楼面标高处。接缝高度不宜小于 20 mm，宜采用灌浆料填实，接缝处后浇混凝土上表面应设置粗糙面。

（6）上下层预制剪力墙的竖向钢筋连接应符合下列规定。

① 边缘构件的竖向钢筋应逐根连接。

② 预制剪力墙的竖向分布钢筋宜采用双排连接。

③ 抗震等级为一级的剪力墙及二、三级底部加强部位的剪力墙的边缘构件竖向钢筋宜采用套筒灌浆连接。

（7）当上下层预制剪力墙竖向钢筋采用套筒灌浆连接时，应符合下列规定。

① 当竖向分布钢筋采用“梅花形”部分连接时，如图 3-24 所示，连接钢筋的配筋率不应小于现行国家标准《建筑抗震设计规范（2016 年版）》（GB 50011—2010）规定的剪力墙竖向分布钢筋最小配筋率要求，连接钢筋的直径不应小于 12 mm，同侧间距不应大于 600 mm，且在剪力墙构件承载力设计和分布钢筋配筋率计算中不得计入未连接的分布钢筋；未连接的竖向分布钢筋直径不应小于 6 mm。

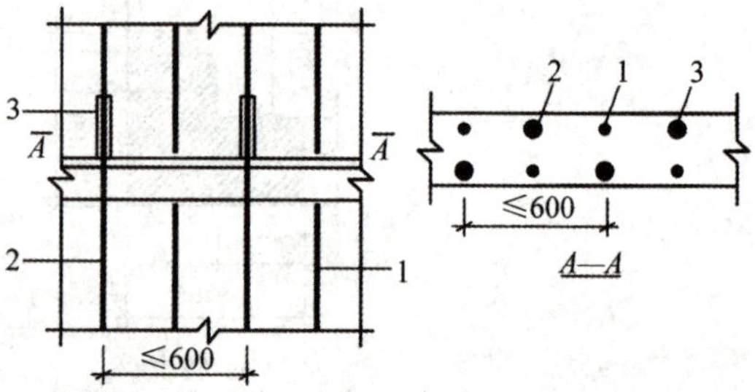

（a）转角墙　　（b）有翼墙

1—未连接的竖向分布钢筋；2—连接的竖向分布钢筋；3—灌浆套筒。

图 3-24　竖向分布钢筋“梅花形”套筒灌浆连接构造示意图（单位：mm）

② 当竖向分布钢筋采用单排连接时，如图 3-25 所示，剪力墙两侧竖向分布钢筋与配置于墙体厚度中部的连接钢筋搭接连接，连接钢筋位于内、外侧被连接钢筋的中间；连接钢筋受拉承载力不应小于上下层被连接钢筋受拉承载力较大值的 1.1 倍，间距不宜大于 300 mm。下层剪力墙连接钢筋自下层预制墙顶算起的埋置长度不应小于 $1.2l_{aE}+b_w/2$（b_w 为墙体厚度），上层剪力墙连接钢筋自套筒顶面算起的埋置长度不应小于 l_{aE}，上层连接钢筋顶部至套筒底部的长度不应小于 $1.2l_{aE}+b_w/2$，l_{aE} 按连接钢筋直径计算。钢筋连接长度范围内应配置拉筋，同一连接接头内的拉筋配筋面积不应小于连接钢筋的面积；拉筋沿竖向的间距不应大于水平分布钢筋间距，且不宜大于 150 mm；拉筋沿水平方向的间距不应大于竖向分布钢筋间距，直径不应小于 6 mm；拉筋应紧靠连接钢筋，并钩住最外层分布钢筋。

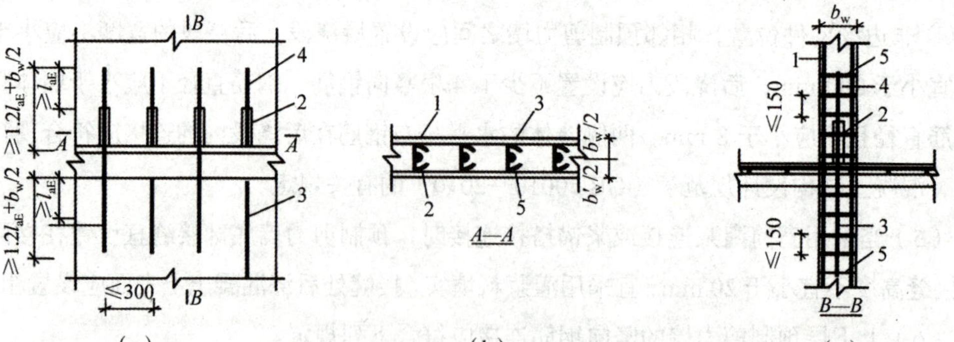

（a）　（b）　（c）

1—上层预制剪力墙竖向分布钢筋；2—灌浆套筒；3—下层剪力墙连接钢筋；4—上层剪力墙连接钢筋；5—拉筋。

图 3-25　竖向分布钢筋单排套筒灌浆连接构造示意图（单位：mm）

（8）当上下层预制剪力墙竖向钢筋采用挤压套筒连接时，预制剪力墙底后浇段内的水平钢筋直径不应小于 10 mm 和预制剪力墙水平分布钢筋直径的较大值，间距不宜大于

100 mm；楼板顶面以上第一道水平钢筋距楼板顶面不宜大于 50 mm，套筒上端第一道水平钢筋距套筒顶部不宜大于 20 mm，如图 3-26 所示。

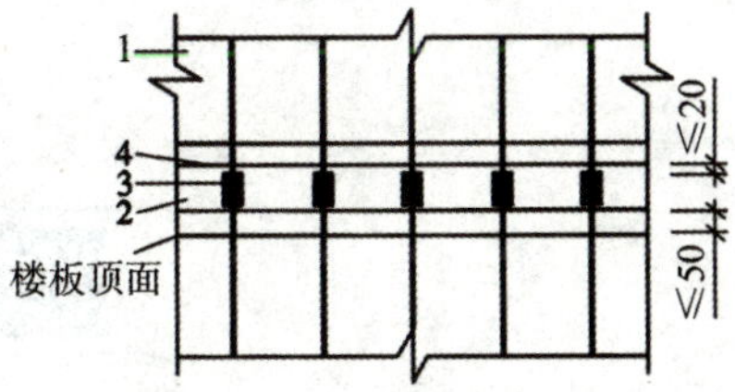

1—预制剪力墙；2—墙底后浇段；
3—挤压套筒；4—水平钢筋。

图 3-26 预制剪力墙底后浇段水平钢筋配置示意图（单位：mm）

（9）当上下层预制剪力墙竖向钢筋采用浆锚搭接连接时，应符合下列规定。

① 当竖向钢筋非单排连接时，下层预制剪力墙连接钢筋伸入预留灌浆孔道内的长度不应小于 $1.2l_{aE}$，如图 3-27 所示。

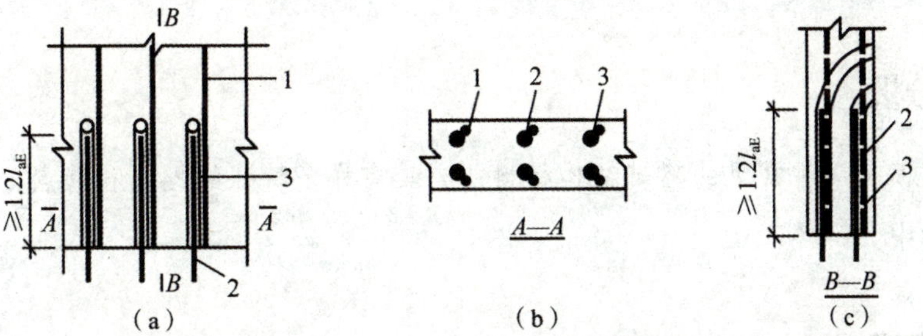

1—上层预制剪力墙竖向钢筋；2—下层剪力墙竖向钢筋；3—预留灌浆孔道。

图 3-27 竖向钢筋浆锚搭接连接构造示意图

② 当竖向分布钢筋采用单排连接时，如图 3-28 所示，剪力墙两侧竖向分布钢筋与配置于墙体厚度中部的连接钢筋搭接连接，连接钢筋位于内、外侧被连接钢筋的中间；连接钢筋受拉承载力不应小于上下层被连接钢筋受拉承载力较大值的 1.1 倍，间距不宜大于 300 mm。连接钢筋自下层剪力墙顶算起的埋置长度不应小于 $1.2l_{aE}+b_w/2$（b_w 为墙体厚度），自上层预制墙体底部伸入预留灌浆孔道内的长度不应小于 $1.2l_{aE}+b_w/2$，l_{aE} 按连接钢筋直径计算。钢筋连接长度范围内应配置拉筋，同一连接接头内的拉筋配筋面积不应小于连接钢筋的面积；拉筋沿竖向的间距不应大于水平分布钢筋间距，且不宜大于 150 mm；拉筋沿水平方向的肢距不应大于竖向分布钢筋间距，直径不应小于 6 mm；拉筋应紧靠连接钢筋，并钩住最外层分布钢筋。

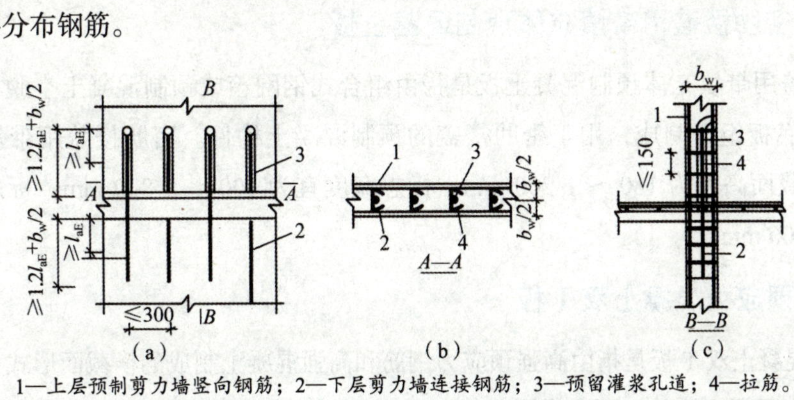

1—上层预制剪力墙竖向钢筋；2—下层剪力墙连接钢筋；3—预留灌浆孔道；4—拉筋。

图 3-28 竖向分布钢筋单排浆锚搭接连接构造示意图（单位：mm）

任务三 楼板生产

任务描述

学习了预制柱、预制梁、剪力墙的种类及构造要求后，本任务我们将学习楼板的种类及构造要求。

任务分析

预制楼板是一种常见的建筑结构材料，它具有许多特殊的性能和特点，被广泛应用于建筑设计中。

任务实施

一、常见楼板的种类

在装配式混凝土建筑中，预制楼板主要有以下几种类型。

（一）叠合板用带桁架筋预制混凝土实心底板

叠合板用带桁架筋预制混凝土实心底板是指设置有桁架筋增加板刚度，用于叠合板底模（板）的预制混凝土实心薄板。叠合板用带桁架筋预制混凝土实心底板的厚度不小于60 mm；标志宽度宜为 1 200 mm、1 500 mm、1 800 mm、2 000 mm、2 400 mm，标志长度宜为 300 mm，模数为 2 400 ～ 8 100 mm。

（二）密肋楼盖用带填充体预制混凝土板

密肋楼盖用带填充体预制混凝土板是指由组合式钢网箱或预制混凝土空脱构件等填充体与肋梁或底板组合制成，用于密肋楼盖的预制混凝土构件。密肋楼盖用带填充体预制混凝土板的截面高度为 180 ～ 1 200 mm，标志宽度宜为 100 ～ 2 800 mm，标志长度宜为 5 100 ～ 18 000 mm。

（三）预应力混凝土双 T 板

预应力混凝土双 T 板是指由高强预应力钢筋和高强混凝土制成的横截面形式为双 T 形的先张法预应力混凝土构件。预应力混凝土双 T 板的截面高度宜为 350 ～ 950 mm，标志宽度宜为 2 000 mm、2 400 mm、3 000 mm，标志长度宜为 300 mm，模数为 9 000 ～ 30 000 mm。

（四）密肋楼盖用预制混凝土空腔构件

密肋楼盖用预制混凝土空腔构件是指由预制钢筋混凝土顶板、底板和硬质材料侧壁围合制成，用于密肋楼盖内模和结构面层的空腔箱形构件。密肋楼盖用预制混凝土空腔构件的截面高度宜为 150 ～ 1 000 mm，标志宽度和标志长度宜为 500 mm、700 mm、900 mm、1 100 mm。

二、预制楼板的构造要求

（一）预制楼板的基本要求

（1）装配整体式结构的楼盖宜采用叠合楼盖。结构转换层、平面复杂或开洞较大的楼层、作为上部结构嵌固部位的地下室楼层宜采用现浇楼盖。

（2）叠合板应按现行国家标准《混凝土结构设计规范》（GB 50010—2010）进行设计，并应符合下列规定。

① 叠合板的预制板厚度不宜小于 60 mm，后浇混凝土叠合层厚度不应小于 60 mm。

② 当叠合板的预制板采用空心板时，板端空腔应封堵。

③ 跨度大于 3 m 的叠合板，宜采用桁架钢筋混凝土叠合板。

④ 跨度大于 6 m 的叠合板，宜采用预应力混凝土预制板。

⑤ 板厚大于 180 mm 的叠合板，宜采用混凝土空心板。

⑥ 结构转换层和作为上部结构嵌固部位的楼层宜采用现浇楼盖。

⑦ 屋面层和平面受力复杂的楼层宜采用现浇楼盖；当采用叠合楼盖时，楼板的后浇混凝土叠合层厚度不应小于 100 mm，且后浇层内应采用双向通长配筋，钢筋直径不宜小于 8 mm，间距不宜大于 200 mm。

（3）预制板厚度不应小于 50 mm，且不应大于楼板总厚度的 1/2。预制板的宽度不宜大于 2 500 mm，且不宜小于 600 mm。预应力筋宜采用直径 4.8 mm 或 5 mm 的高强螺旋肋钢丝。钢丝的混凝土保护层厚度不应小于表 3-2 的规定。

表 3-2 钢丝的混凝土保护层厚度

预制板厚度 /mm	保护层厚度 /mm
50	17.5
60	17.5
⩾ 70	20.5

（4）叠合板的叠合层混凝土厚度不应小于 40 mm，混凝土强度等级不宜低于 C25。预制板表面应做成凹凸差不小于 4 mm 的粗糙面。承受较大荷载的叠合板及预应力叠合板，

宜在预制底板上设置伸入叠合层的构造钢筋。

（5）桁架钢筋混凝土叠合板应满足下列要求。

① 桁架钢筋应沿主要受力方向布置。

② 桁架钢筋距板边不应大于 300 mm，间距不宜大于 600 mm。

③ 桁架钢筋弦杆钢筋直径不宜小于 8 mm，腹杆钢筋直径不应小于 4 mm。

④ 桁架钢筋弦杆混凝土保护层厚度不应小于 15 mm。

（二）预制楼板与其他构件连接的构造要求

（1）叠合板可根据预制板接缝构造、支座构造、长宽比按单向板或双向板设计。当预制板之间采用分离式接缝［图 3-29（a）］时，宜按单向板设计。对长宽比不大于 3 的四边支撑叠合板，当其预制板之间采用整体式接缝［图 3-29（b）］或无接缝［图 3-29（c）］时，可按双向板设计。

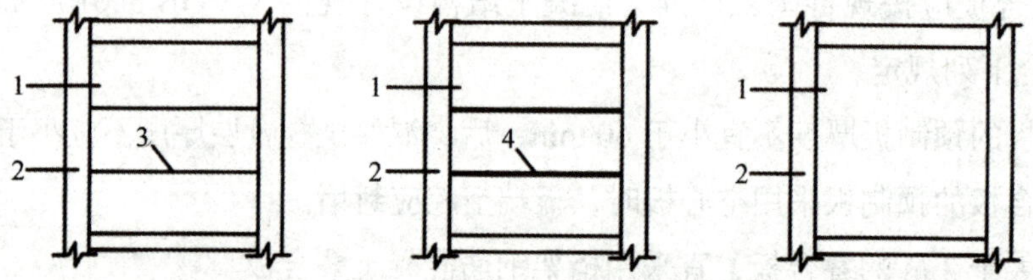

（a）分离式接缝　（b）整体式接缝　（c）无接缝

1—预制板；2—梁或墙；3—板侧分离式接缝；4—板侧整体式接缝。

图 3-29　叠合板的预制板布置形式示意图

（2）预制板之间连接时，应在预制板相邻处板面铺钢筋网片，如图 3-30 所示，网片钢筋直径不宜小于 5 mm，强度等级不应小于 HPB300，短向钢筋的长度不宜小于 600 mm，间距不宜大于 200 mm；网片长向可采用 3 根钢筋，钢筋长度可比预制板短 200 mm。

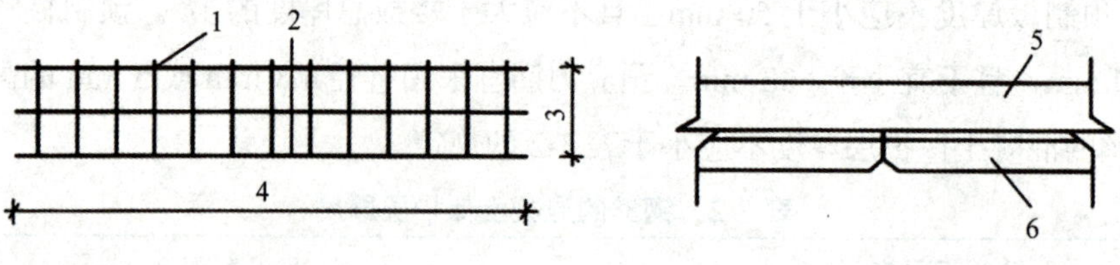

（a）钢筋网片　（b）钢筋网片位置

1—钢筋网片的短向钢筋；2—钢筋网片的长向钢筋；3—钢筋网片的短向长度；

4—钢筋网片的长向长度；5—叠合层；6—预制板。

图 3-30　板纵缝连接构造

（3）叠合板的预制板与后浇混凝土叠合层之间设置的抗剪构造钢筋应符合下列规定。

① 抗剪构造钢筋宜采用马镫形，间距不宜大于 400 mm，钢筋直径 d 不应小于 6 mm。

② 马镫钢筋宜伸到叠合板上、下部纵向钢筋处，预埋在预制板内的总长度不应小于15*d*，水平段长度不应小于 50 mm。

（4）叠合板支座处的纵向钢筋应符合下列规定。

① 板端支座处，预制板内的纵向受力钢筋宜从板端伸出并锚入支撑梁或墙的后浇混凝土中，锚固长度不应小于 5*d*（*d* 为纵向受力钢筋直径），且宜伸过支座中心线，如图 3-31（a）所示。

② 单向叠合板的板侧支座处，当预制板内的板底分布钢筋伸入支撑梁或墙的后浇混凝土中时，应符合①的要求；当板底分布钢筋不伸入支座时，宜在紧邻预制板顶面的后浇混凝土叠合层中设置附加钢筋，附加钢筋截面面积不宜小于预制板内的同向分布钢筋面积，间距不宜大于 600 mm，在板的后浇混凝土叠合层内锚固长度不应小于 15*d*，在支座内锚固长度不应小于 15*d*（*d* 为附加钢筋直径）且宜伸过支座中心线，如图 3-31（b）所示。

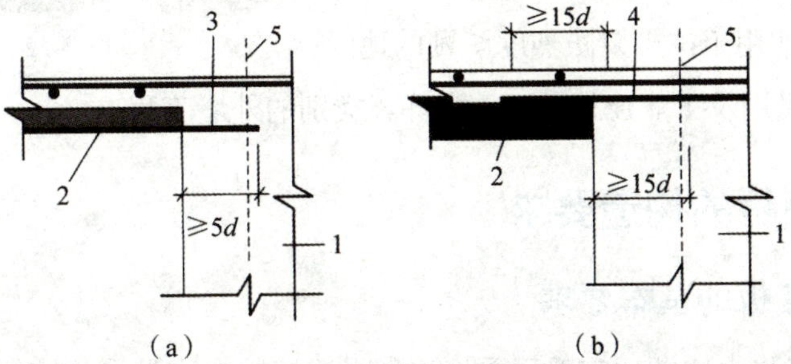

1—支撑梁或墙；2—预制板；3—纵向受力钢筋；4—附加钢筋；5—支座中心线。

图 3-31 叠合板端及板侧支座构造示意

任务四 外挂墙板生产

任务描述

预制外挂墙板不属于主体结构构件，是装配式混凝土结构或钢结构上的非承重外围维护构件。本任务我们将学习外挂墙板的种类及构造要求。

任务分析

预制混凝土外墙挂板是指由预制混凝土墙板、墙板与主体结构连接件或连接节点等组成，安装在主体结构上，起围护、装饰作用的非承重预制混凝土外墙挂板，包括由内外叶墙板、夹心保温层和拉结件组成的非承重预制混凝土夹心保温外墙挂板。

任务实施

一、常见外挂墙板的种类

图 3-32　外挂墙板

外挂墙板（图 3-32），有许多种类型，主要包括梁式外挂板、柱式外挂板和墙式外挂板。它们之间的区别主要在于挂板在建筑中所处的位置不同，因此导致设计计算和连接节点的不同。预制混凝土外墙挂板集围护、外装饰、墙体保温于一体，采用工厂化生产、装配化施工，具有安装速度快、质量可控、耐久性好、便于维护保养等特点。预制混凝土外墙挂板是装配在钢筋或混凝土结构上的非承重外墙围护挂板或装饰板；适用于抗震设防烈度≤Ⅷ的地区，100 m 以下高度的民用及工业建筑，二 a 类环境类别的外墙工程。

二、外挂墙板的构造要求

（一）外挂墙板的基本要求

（1）外挂墙板与主体结构宜采用柔性连接，连接节点应具有足够的承载力和适应主体结构变形的能力，并应采取可靠的防腐、防锈和防火措施。

（2）外挂墙板的高度不宜大于一个层高，厚度不宜小于 100 mm。

（3）外挂墙板宜采用双层、双向配筋，竖向和水平钢筋的配筋率均不应小于 0.15%，且钢筋直径不宜小于 5 mm，间距不宜大于 200 mm。

（4）门窗洞口周边、角部应配置加强钢筋。

（5）外挂墙板最外层钢筋的混凝土保护层厚度除了有专门要求外，还应符合下列规定。

① 对石材或面砖饰面，不应小于 15 mm。

② 对清水混凝土，不应小于 20 mm。

③ 对露骨料装饰面，应从最凹处混凝土表面计起，且不应小于 20 mm。

（6）外挂墙板与主体结构采用点支撑连接时，连接件的滑动孔尺寸，应根据穿孔螺栓的直径、层间位移值和施工误差等因素确定。

（7）外挂墙板间接缝的构造应符合下列规定。

① 接缝构造应满足防水、防火、隔声等建筑功能要求。

② 接缝宽度应满足主体结构的层间位移、密封材料的变形能力、施工误差、温差引起

变形等要求，且不应小于 15 mm。

（8）外墙挂板接缝处的气密条可采用中空的发泡氯丁橡胶。

（9）背衬材料可采用直径为缝宽 1.3 ～ 1.5 倍的发泡闭孔聚乙烯棒或发泡氯丁橡胶棒，密度不宜大于 37 kg/m^3。

（10）外墙挂板由内外叶墙板、夹心保温层、连接件及饰面层组成，其基本构造应符合表 3-3 的规定。

表 3-3　外墙挂板的组成

基本构造				构造示意
①内叶墙板	②连接件	③外叶墙板	④夹心保温	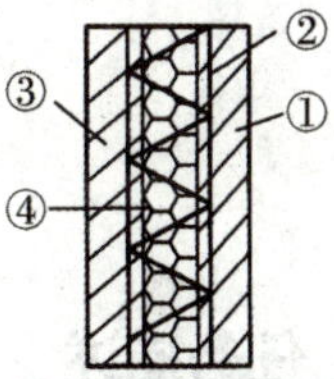
钢筋混凝土	平面桁架钢筋	钢筋混凝土	保温材料	

（二）外挂墙板与其他构件连接的构造要求

（1）外挂墙板的形式和尺寸应根据建筑立面造型、主体结构层间位移限值、楼层高度、节点连接形式、温度变化、接缝构造、运输限制条件和现场起吊能力等因素确定；板间接缝宽度应根据计算确定且不宜小于 10 mm；当计算缝宽大于 30 mm 时，宜调整外挂墙板的形式或连接方式。

（2）外挂墙板与主体结构采用点支撑连接时，节点构造应符合下列规定。

① 连接点数量和位置应根据外挂墙板形状、尺寸确定，连接点不应少于 4 个，承重连接点不应多于 2 个。

② 在外力作用下，外挂墙板相对主体结构在墙板平面内应能水平滑动或转动。

③ 连接件的滑动孔尺寸应根据穿孔螺栓直径、变形能力需求和施工允许偏差等因素确定。

（3）外挂墙板与主体结构采用线支撑连接时，如图 3-33 所示，节点构造应符合下列规定。

① 外挂墙板顶部与梁连接，且固定连接区段应避开梁端 15 倍梁高长度范围。

② 外挂墙板与梁的结合面应采用粗糙面并设置键槽；接缝处应设置连接钢筋，连接钢筋数量应经过计算确定且钢筋直径不宜小于 10 mm，间距不宜大于 200 mm；连接钢

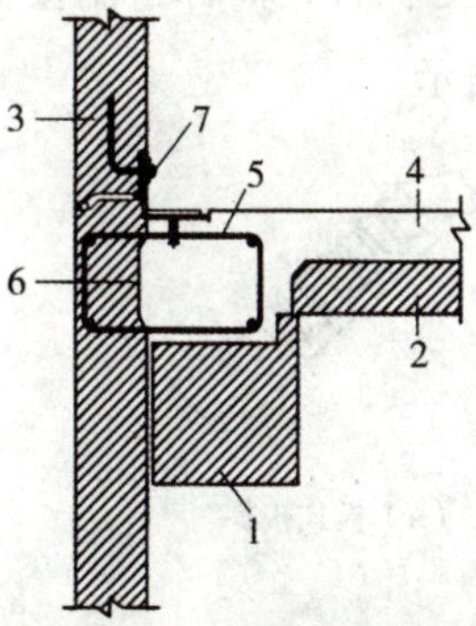

1—预制梁；2—预制板；3—预制外挂墙板；4—后浇混凝土；5—连接钢筋；6—剪力键槽；7—面外限位连接件。

图 3-33　外挂墙板线支撑连接示意

筋在外挂墙板和楼面梁后浇混凝土中的锚固应符合现行国家标准《混凝土结构设计规范》（GB 50010—2010）的有关规定。

③ 外挂墙板的底端应设置不少于 2 个仅对墙板有平面外约束的连接节点。

④ 外挂墙板的侧边不应与主体结构连接。

（4）外挂墙板不应跨越主体结构的变形缝。主体结构变形缝两侧的外挂墙板的构造缝应能适应主体结构的变形要求，宜采用柔性连接设计或滑动型连接设计，并采取易于修复的构造措施。

任务五 其他预制构件生产

任务描述

本任务我们将学习预制楼梯、预制阳台板、预制女儿墙的种类及构造要求。

任务分析

装配式建筑的预制构件几乎可以被制成任何形状和尺寸。像各种类型的楼梯、阳台板、女儿墙等非常规构件，也同样可以通过预制来完成。

任务实施

一、预制楼梯

预制混凝土楼梯是指在工厂制作的两个平台之间若干连续踏步或若干连续踏步和平板组合的混凝土构件，简称预制楼梯。预制楼梯按结构形式可分为板式楼梯和梁板式楼梯，如图 3-34 所示。

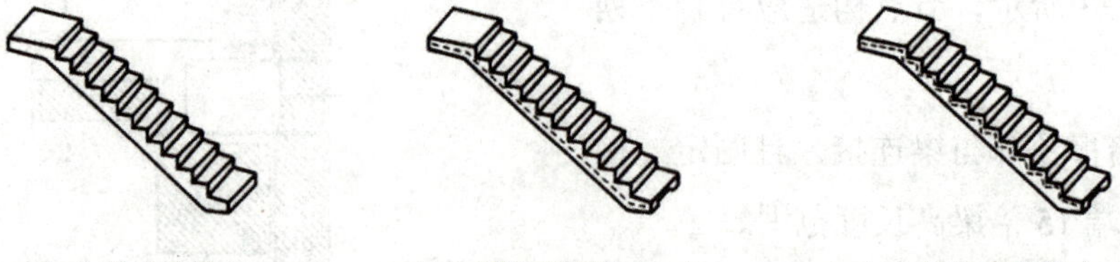

（a）板式楼梯　（b）梁板式楼梯（一）　（c）梁板式楼梯（二）

图 3-34　预制楼梯

（1）预制楼梯踏步宽度宜不小于 250 mm，宜采用 260 mm、280 mm、300 mm。

（2）低、高端平台段长度应满足搁置长度要求，且宜不小于 400 mm。

（3）同一梯段踏步高度应一致。

（4）预制楼梯宽度宜为 100 mm 的整数倍。

（5）预制楼梯与支撑构件之间宜采用简支连接。采用简支连接时，应符合下列规定。

① 预制楼梯宜一端设置固定铰，另一端设置滑动铰，其转动及滑动变形能力应满足结构层间位移的要求，且预制楼梯端部在支撑构件上的最小搁置长度应符合表 3-4 的规定。

表 3-4　预制楼梯在支撑构件上的最小搁置长度

抗震设防烈度	6 度	7 度	8 度
最小搁置长度 /mm	75	75	100

② 预制楼梯设置滑动铰的端部应采取防止滑落的构造措施。

（6）预制板式楼梯的梯段板底应配置通长的纵向钢筋。板面宜配置通长的纵向钢筋；当楼梯两端均不能滑动时，板面应配置通长的纵向钢筋。

二、预制阳台板

预制阳台板按构件形式，分为叠合板式阳台、全预制板式阳台、全预制梁式阳台。

（一）叠合板式阳台

叠合板式阳台预制底板的厚度均为 60 mm，当阳台长度为 1 000 mm 或 1 200 mm 时，现浇层厚度取 70 mm；当阳台长度为 1 400 mm 时，现浇层厚度取 90 mm；阳台板周边应设置封边，封边宽度为 150 mm，封边高度可取 400 mm、800 mm 和 1 200 mm。预制板内的钢筋包括钢筋桁架和钢筋网片，钢筋桁架的高度根据现浇层厚度确定，分别为 80 mm 或 100 mm，沿阳台长度方向的钢筋伸出混凝土 12*d*，且至少伸过墙（梁）中线，与封边相连的钢筋锚入封边。封边内设置纵筋和箍筋，吊点位置处箍筋应加密。

（二）全预制板式阳台

当阳台长度为 1 000 mm 或 1 200 mm 时，全预制板式阳台预制底板的厚度为 130 mm；当阳台长度为 1 410 mm 时，底板的厚度为 150 mm；阳台板周边应设置封边，封边宽度为 150 mm，封边高度可取 400 mm、800 mm 和 1 200 mm。预制板内的钢筋包括上下层钢筋网片，沿阳台长度方向的上层钢筋伸出混凝土 $1.1l_a$，下层钢筋伸出混凝土 12*d*，且至少伸过墙（梁）中线，与封边相连的钢筋锚入封边。封边内设置纵筋和箍筋，吊点位置处箍筋应加密。

（三）全预制梁式阳台

全预制梁式阳台在周边设置 200 mm × 400 mm 的梁，并在其上设置 150 mm 高翻边。两侧梁伸出钢筋锚入后浇混凝土中，上部钢筋的长度取 $1.1l_a$，下部钢筋的长度取 15*d*。板厚取 100 mm，双面双向配筋，外伸钢筋锚入后浇筑混凝土中，沿阳台长度方向的钢筋伸出混凝土 5*d*，且至少伸过墙（梁）中线。

阳台板宜采用叠合构件或预制构件。预制阳台应与圈梁和楼板的现浇带可靠连接，Ⅷ、Ⅸ度抗震设防时，不应采用预制阳台板。叠合构件的负弯矩钢筋应在相邻叠合板的后浇混凝土中可靠锚固。

三、预制女儿墙

预制女儿墙（图 3-35）按构造分为夹心保温式女儿墙和非保温式女儿墙两种。预制女儿墙设计高度为从屋顶结构标高算起，到女儿墙压顶的顶面为止的尺寸，即

设计高度 = 女儿墙墙身高度 + 女儿墙压顶高度 + 接缝高度

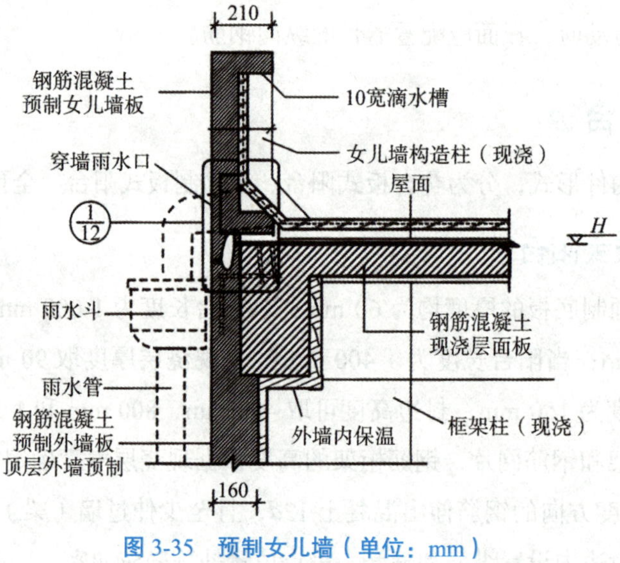

图 3-35 预制女儿墙（单位：mm）

墙身通过下端的螺纹盲孔与顶层墙体伸出的钢筋浆锚连接，墙身之间通过后浇段连接，压顶与墙身之间通过螺栓连接并用砂浆填充。

夹心保温式女儿墙与剪力墙外墙板类似，包括内叶墙板、保温层和外叶墙板三个部分。外叶墙板与保温层伸出内叶墙板，用作后浇段模板；外叶墙板为 60 mm 厚单层双向配筋钢筋混凝土板，需设置连接件与内叶墙板可靠连接；为保证女儿墙与外墙的平整，保温层厚度一般应与顶层预制剪力墙外墙板一致。内叶墙板板厚为 160 mm，配置双层双向钢筋网片，水平钢筋伸出混凝土与后浇段可靠连接。墙面上的设置螺纹盲孔与伸出顶层的钢筋浆锚搭接；当墙身长度≥ 4 m 时，墙身上端需伸出端部带螺纹钢筋与压顶连接。一般在内叶墙板顶面外设置吊装用埋件，内侧需设置脱模斜撑用埋件，两侧靠近端部处设置板板连接用埋件，外叶墙板两侧靠近端部处设置模板拉结用埋件。此外，内叶墙板需设置泛水收头预留槽。

项目小结

装配式混凝土建筑很重要的一个环节就是预制构件的生产。通过学习预制柱、预制梁、剪力墙、楼板、外挂墙及楼梯、阳台板、女儿墙的种类及构造要求，读者应掌握预制构件的质量要求和生产标准。

项 目 工 单

一、任务名称

装配式建筑在我国发展现状调研报告。

二、任务描述

装配式建筑是建筑行业生产方式的重大变革，也是实现绿色建造，落实碳达峰、碳中和目标的重要途径。2016 年发布的《国务院办公厅关于大力发展装配式建筑的指导意见》明确提出，力争用 10 年左右的时间，使装配式建筑占新建建筑面积的比例达到 30%。通过调研装配式建筑行业和企业，认知装配式建筑企业、特点、结构体系等；收集我国典型装配式建筑项目，认知装配式建筑在我国发展的现状；完成调研报告单，见表 3-5。

表 3-5 调研报告单

班级		组号		日期	
调研任务	调研装配式建筑行业和企业，收集我国典型装配式建筑项目，完成装配式建筑市场调研报告				
调研报告					

三、分组讨论

以 3 ~ 5 人为一组，选出组长并进行任务分工，将小组成员及分工情况填入表 3-6 中。

表 3-6 小组成员及分工情况

班级：　　　　　　　　　　　　组号：　　　　　　　　　　　　指导教师：

小组成员	姓名	学号	任务分工
组长			
组员			

四、任务思考

1. 通过调研，你发现了身边哪些装配式建筑项目？

2. 装配式建筑有哪些需要改进的地方？

五、实施过程

按实际操作步骤，将实施内容、遇到的问题及解决办法等记录于表 3-7 中。

表 3-7 工作实施过程记录表

序号	实施内容	遇到的问题及解决办法	结果

六、任务评价

各组展示任务完成情况，并完成考核评价表（表 3-8）。

表 3-8 考核评价表

项目名称	评价内容	满分 / 分	评分 / 分		
			自评	互评	师评
职业素养考核项目	考勤、纪律意识	10			
	团队交流与合作意识	10			
	参与主动性	10			

表 3-8（续）

<table>
<tr><th rowspan="2">项目名称</th><th rowspan="2" colspan="2">评价内容</th><th rowspan="2">满分 / 分</th><th colspan="3">评分 / 分</th></tr>
<tr><th>自评</th><th>互评</th><th>师评</th></tr>
<tr><td rowspan="5">专业能力
考核项目</td><td colspan="2">积极参与教学活动并正确理解任务要求</td><td>10</td><td></td><td></td><td></td></tr>
<tr><td colspan="2">认真查找与任务相关的资料</td><td>10</td><td></td><td></td><td></td></tr>
<tr><td colspan="2">任务实施过程记录表的完成度</td><td>10</td><td></td><td></td><td></td></tr>
<tr><td colspan="2">认真参与完成调研报告</td><td>20</td><td></td><td></td><td></td></tr>
<tr><td colspan="2">独立完成相应任务的程度</td><td>20</td><td></td><td></td><td></td></tr>
<tr><td colspan="3">合计</td><td>100</td><td></td><td></td><td></td></tr>
<tr><td rowspan="2">总评</td><td rowspan="2">自评（20%）+ 互评（20%）+ 师评（60%）＝</td><td>综合等级</td><td colspan="4" rowspan="2">指导教师（签名）：</td></tr>
<tr><td></td></tr>
</table>

课后练习

一、填空题

1. ________是建筑物中垂直的主结构件，承托它上方物件的质量。

2. 预制叠合梁是在装配整体式结构中分________次浇捣混凝土的梁。

3. 装配整体式结构的楼盖宜采用________楼盖。结构转换层、平面复杂或开洞较大的楼层、作为上部结构嵌固部位的地下室楼层宜采用________楼盖。

4. 外挂墙板主要包括________外挂板、________外挂板和________外挂板。

5. 叠合板式阳台预制底板的厚度均为________mm，当阳台长度为 1 000 mm 或 1 200 mm 时，现浇层厚度取________mm；当阳台长度为 1 400 mm 时，现浇层厚度取________mm。

二、简答题

1. 简述制作预制柱的基本要求。

2. 简述剪力墙的分类。

3. 外挂墙板与其他构件连接的构造要求有哪些？

项目四

装配式建筑构件吊装、运输与存放

项目导读

预制构件制作生产完成后，将进入下一个重要环节，即装配式建筑构件的吊装、运输与存放，在此期间非常容易出现安全事故，负责人员一定不能掉以轻心。通过严格的组织和管理，合理选择吊装、运输工具和设备，采取适当的保护措施和预防措施，可以确保预制构件安全、稳定地运输到工地，并顺利进行后续的安装工作。本项目我们将学习装配式建筑构件吊装、运输与存放的相关知识。

学习目标

知识目标

1. 了解预制构件吊装设备与起重设备的种类和性能。
2. 熟悉吊装作业安全防范。
3. 掌握构件运输与存放的相关要求。

能力目标

1. 会根据构件的质量、尺寸等特点选择合适的吊装设备和吊具，开展构件吊装工作。
2. 能根据构件的特性，选择合适的运输设备和运输方式。

素质目标

1. 培养规范意识与安全意识
2. 培养大局意识、核心意识。

思政目标

1. 弘扬开拓创新、砥砺奋进的时代精神。
2. 热爱伟大祖国，自觉弘扬和实践爱国主义精神。

任务一　认识吊装索具与起重设备

任务描述

预制构件吊装设备主要是吊装索具和起重设备，本任务我们来一起认识常用的吊装设备。

任务分析

常用的吊装索具设备有千斤顶、吊钩、横吊梁、捯链、钢丝绳、吊装带、卡环等。常用的起重设备有塔式起重机、履带式起重机、汽车式起重机等。

任务实施

一、吊装索具设备

（一）千斤顶

扫一扫
吊装索具设备

千斤顶可以用来校正构件的安装偏差和校正构件的变形，也可以顶升和提升构件。常用千斤顶有螺旋式千斤顶和液压式千斤顶两种。

（二）吊钩

吊钩按制造方法可分为锻造吊钩和片式吊钩。在建筑工程施工中，通常采用锻造吊钩，其由优质低碳素钢或低碳合金钢锻造而成。锻造吊钩又可分为单钩和双钩，如图 4-1、图 4-2 所示。单钩一般用于小起重量，双钩多用于较大的起重量。单钩吊钩形式多样，建筑工程中常选用有保险装置的旋转钩。

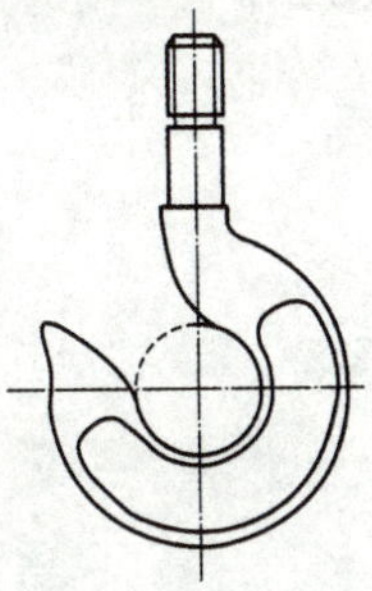

图 4-1　锻造单钩

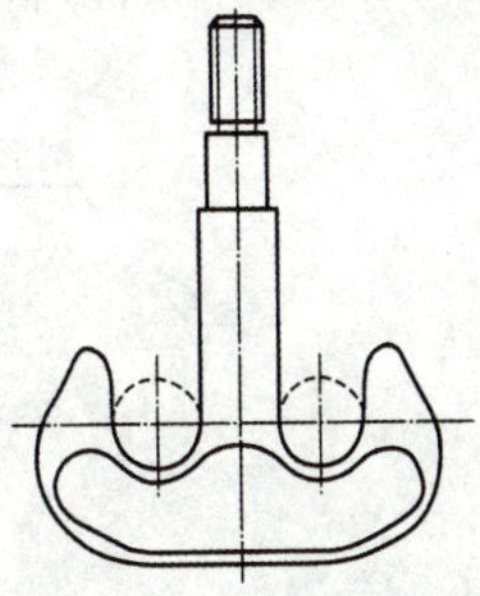

图 4-2　锻造双钩

（三）横吊梁

横吊梁俗称铁扁担、扁担梁，常用于梁、柱、墙板、叠合板等构件的吊装。用横吊梁吊运构件时，可以防止因起吊受力，对构件造成的破坏，便于构件更好地安装、校正。常用的横吊梁有单根横吊梁、框架横吊梁。

（四）捯链

捯链（图 4-3）用来起吊轻型构件，拉紧缆风绳及拉紧捆绑构件的绳索等。目前，受国内部分起重设备行程精度的限制，可采用捯链进行构件的精确就位。

图 4-3　捯链

（五）钢丝绳

钢丝绳是将钢丝按照一定的规则捻在一起的螺旋状钢丝束。钢丝绳强度高、自重轻、工作平稳，不易骤然整根折断，工作可靠，是预制构件吊装最常用的吊索。

1. 钢丝绳分类

钢丝绳主要类型分为三种：编插式、压接式、绳卡式，如图 4-4 所示。预制构件安装在满足承载力的条件下，首选铝合金压接式和编插式连接方法。吊索编插长度不应小于钢丝绳直径的 20 倍，压制钢丝绳绳套的套长（绳头到套环内边的距离）在没有套环的情况下，不得小于钢丝绳直径的 20 倍，且不应小于 300 mm。

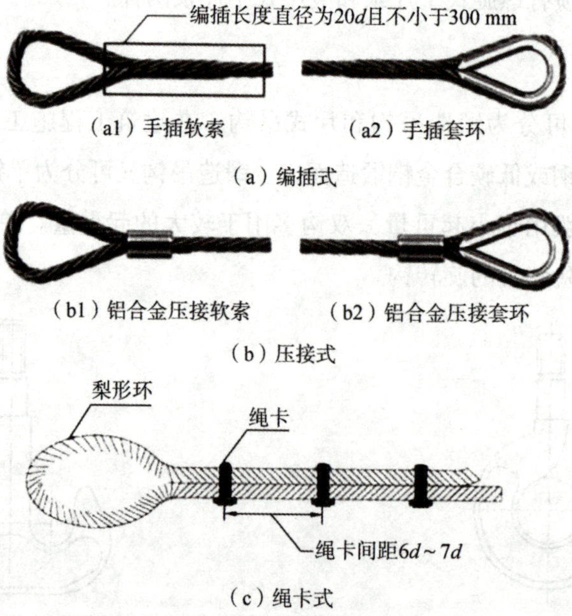

图 4-4　钢丝绳类型

2. 钢丝绳使用注意事项

吊索与所吊构件的水平夹角不应小于 60°。吊运有棱角的重物时，吊索与重物之间采取妥善的保护措施。吊运重物时，应根据吊运类型合理选取安全系数（破断拉力与全部工作荷载之比），一般不小于 5；当利用吊索上的吊钩、卡环钩挂重物上的起重吊环时，不应小于 6；当用吊索直接捆绑重物，且吊索与重物棱角采取了妥善的保护措施时，应取 6～8；当起吊重、大或精密的重物时，除应采取妥善保护措施之外，安全系数应取 10。吊索应根据起吊能力不同分类存放在干燥、通风的位置。每次使用前应对钢丝绳吊索直径、断丝数量、连接节点等部位进行检查，对达到报废标准的吊索应及时报废。

3. 钢丝绳的选择

钢丝绳可采用 6×19 型，但宜用 6×37 型钢丝绳制作成环式或八股头式，其长度和直径应根据吊物的几何尺寸、质量和所用的吊装工具及吊装方法予以确定。使用时可采用单根、双根、四根或多根悬吊形式。

钢丝绳的强度等级分为 1 570 N/mm^2、1 670 N/mm^2、1 770 N/mm^2、1 870 N/mm^2、1 960 N/mm^2、2 160 N/mm^2 等，计算钢丝绳理论破断力时，用相应级别系数乘以钢丝绳有效截面面积。1 670 N/mm^2 是预制构件安装中较为常用的一种强度等级。

拓展阅读

钢丝绳报废标准

（1）断丝：在 6 倍钢丝绳直径的长度范围内，可见断丝总数超过钢丝总数的 5%；同一部位和环眼处超过 3 根断丝。

（2）压扁：尺寸少于原始直径的 70%。

（3）波浪形变形：在钢丝绳长度不超过 $25d$ 的范围内，$d_1 \geqslant 4d/3$，d 为钢丝绳公称直径，d_1 为钢丝绳变形后的包络直径。

（4）锈蚀：细丝松弛，表面明显粗糙、柔性降低；细丝表面出现深坑，在锈蚀部位实测钢丝绳公称直径减少达 7%；发生内部锈蚀。

（5）部分松股：松股超过公称直径的 10%。

（6）6 倍钢丝绳直径内，绳丝被挤出达 5%，绳股挤出；绳径局部增大达原直径的 120%；直径减少，少于公称直径的 90%。

（7）磨损：公称直径减少达 7% 或外层钢丝磨损达原直径的 40%。

（8）其他具体执行《起重机 钢丝绳 保养、维护、检验和报废》（GB/T 5972—2023）。

（六）吊装带

目前使用的常规吊装带（合成纤维吊装带），一般采用高强度聚酯长丝制作。吊装带根据外观分为环形穿芯、环形扁平、双眼穿芯、双眼扁平四类，吊装能力为 1 ～ 300 t。

一般采用国际色标将吊装带分为紫色（1 t）到橘红色（10 t）等几个吨位。对于吨位大于 12 t 的均采用橘红色进行标识，同时带体上均有荷载标识标牌。

（七）卡环

卡环用于吊索之间或吊索与构件吊环之间的连接，由弯环与销子两部分组成，如图 4-5 所示。

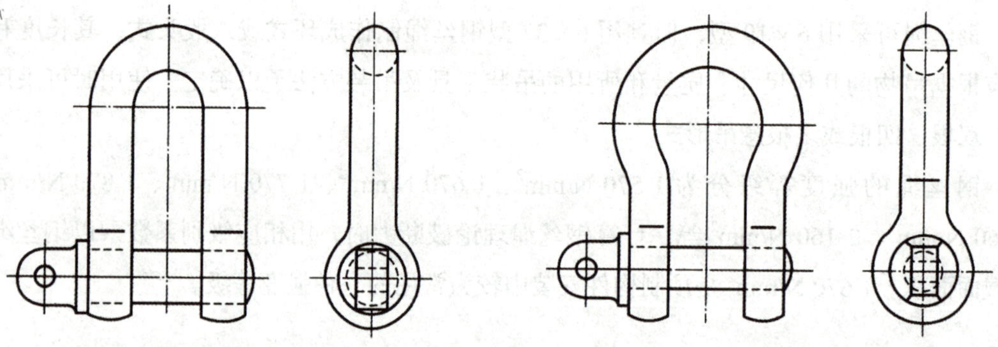

（a）D形卡环　　（b）弓形卡环

图 4-5　卡环

卡环按弯环形式，可分为 D 形卡环和弓形卡环；按销子与弯环的连接形式，可分为螺栓式卡环和活络式卡环。螺栓式卡环的销子和弯环采用螺纹连接；活络式卡环的孔眼无螺纹，可直接抽出。螺栓式卡环使用较多，但在柱子吊装中多采用活络式卡环。

二、起重设备

（一）塔式起重机

1. 塔式起重机的类型

塔式起重机是把吊臂、平衡臂等结构和起升、变幅等机构安装在金属塔身上的一种起重机，如图 4-6 所示，其特点是提升高度高、工作半径大、工作速度快、吊装效率高等。

塔式起重机按行走机构、变幅方式、回转机构位置及爬升方式，可分成轨道式、附着式和内爬式塔式起重机。

图 4-6　塔式起重机

2. 塔式起重机的使用要点

（1）塔式起重机作业前应进行下列检查和试运转。

① 各安全装置、传动装置、指示仪表、供电电缆等必须符合有关规定。

② 按有关规定进行试验和试运转。

（2）当同一施工地点有两台以上起重机时，应保持两机间任何接近部位（包括吊重物）距离不得小于 2 m。

（3）在吊钩提升、起重小车或行走大车运行到限位装置前，均应减速缓行到停止位置，并应与限位装置保持一定距离（吊钩不得小于 1 m，行走轮不得小于 2 m）。严禁采用限位装置作为停止运行的控制开关。

（4）动臂式起重机的起升、回转、行走可同时进行，变幅应单独进行。每次变幅后应对变幅部位进行检查。允许带载变幅的，当载荷达到额定起重量的 90% 及以上时，严禁变幅。

（5）提升重物，严禁自由下降。重物就位时，可采用慢就位机构或利用制动器使之缓慢下降。

（6）提升重物水平移动时，应高出其跨越的障碍物 0.5 m 以上。

（7）装有上下两套操纵系统的起重机，不得上下同时使用。

（8）作业中如遇大雨、雾、雪及六级以上大风等恶劣天气，应立即停止作业，将回转机构的制动器完全松开，起重臂应能随风转动。对轻型俯仰变幅起重机，应将起重臂落下并与塔身结构锁紧在一起。

（9）作业中，操作人员临时离开操纵室时，必须切断电源。

（10）作业完毕后，起重臂应转到顺风方向，并松开回转制动器，小车及平衡重应置于非工作状态，吊钩宜升到离起重臂顶端 2 ～ 3 m 处。

（11）停机时，应将每个控制器拨回零位，依次断开各开关，关闭操纵室门窗，下机后，使起重机与轨道固定，断开电源总开关，打开高空指示灯。

（12）动臂式和尚未附着的自升式塔式起重机，塔身上不得悬挂标语牌。

（二）履带式起重机

1. 履带式起重机的类型

履带式起重机是在行走的履带底盘上装有起重装置的起重机械，主要由动力装置、传动装置、行走机构、工作机械、起重滑车组、变幅滑车组及平衡重等组成。它具有起重能力较大、自行式、全回转、工作稳定性好、操作灵活、使用方便、在其工作范围内可载荷行驶作业以及对施工场地要求不严等特点。

履带式起重机按传动方式，可分为机械式、液压式和电动式三种。

2. 履带式起重机的使用要点

（1）驾驶员应熟悉履带式起重机技术性能，启动前应按规定进行各项检查和保养。启动后应检查各仪表指示值及运转是否正常。

（2）履带式起重机必须在平坦坚实的地面上作业，当起吊荷载达到额定重量的 90% 及以上时，工作动作应慢速进行，并禁止同时进行两种及以上动作。

（3）应按规定的起重性能作业，严禁超载作业，如确需超载时应进行验算并采取可靠措施。

（4）作业时，起重臂的最大仰角不应超过规定值，无资料可查时，不得超过 78°，最低不得小于 45°。

（5）采用双机抬吊作业时，两台起重机的性能应相近；抬吊时统一指挥，动作协调，互相配合，起重机的吊钩滑轮组均应保持垂直。抬吊时单机的起重载荷不得超过允许载荷值的 80%。

（6）起重机带载行走时，载荷不得超过允许起重量的 70%。

（7）带载行走时道路应坚实平整，起重臂与履带平行，重物离地不能大于 500 mm，并拴好拉绳，缓慢行驶，严禁长距离带载行驶，上下坡道时，应无载行驶。上坡时，应将起重臂扬角适当放小；下坡时应将起重臂的仰角适当放大，严禁下坡空挡滑行。

（8）作业后，吊钩应提升至接近顶端处，起重臂降至 40° ～ 60°，关闭电门，各操纵杆置于空挡位置，各制动器加保险固定，操纵室和机棚应关闭门窗并加锁。

（9）遇大风、大雪、大雨时应停止作业，并将起重臂转至顺风方向。

履带式起重机的转移有三种形式：自行、平板拖车运输和铁路运输。对于普通路面且运距较近时，可采用自行转移，在行驶前，应对行走机构进行检查，并做好润滑、紧固、调整和保养工作。每行驶 500 ～ 1 000 m 时，应对行走机构进行检查和润滑。对沿途空中架线情况进行察看，以保证符合安全距离要求；当采用平板拖车运输时，要了解所运输的履带式起重机的自重、外形尺寸、运输路线和桥梁的安全承载能力、桥洞高度等情况，选用相应载重量平板拖车。起重机在平板拖车上停放牢固、位置合理。应将起重臂和配重拆下，刹住回转制动器，插销销牢，为了降低高度，可将起重机上部人字架放下；当采用铁路运输时，应将支垫起重臂的高凳或道木垛搭在起重机停放的同一个平板上，固定起重臂的绳索也绑在该平板上，如起重臂长度超过该平板时，应另挂一个辅助平板，但可不设支垫也不用绳索固定，同时吊钩钢丝绳应抽掉。

（三）汽车式起重机

1. 汽车式起重机类型

汽车式起重机是将起重机构安装在普通载重汽车或专用汽车底盘上的起重机。汽车式起重机机动性能好，运行速度快，对路面破坏性小，但不能带负荷行驶，吊重物时必须支腿，对工作场地的要求较高。汽车式起重机按起重量大小分为轻型、中型和重型三种。起重量在 20 t 以内的为轻型，50 t 及以上的为重型；按起重臂形式分为桁架臂和箱形臂两种；按传动装置形式分为机械传动、电力传动、液压传动。目前，液压传动的汽车式起重机应用较广。

2. 汽车式起重机的使用要点

（1）应遵守操作规程及交通规则；

（2）作业场地应坚实平整；

（3）作业前，应伸出全部支腿，并在撑脚下垫合适的方木；调整机体，使回转支撑面的倾斜度在无荷载时不大于 1/1 000（水准泡居中）；支腿有定位销的应插上；底盘为弹性悬挂的起重机，伸出支腿前应收紧稳定器；

（4）作业中严禁扳动支腿操纵阀；调整支腿应在无载荷时进行；

（5）起重臂伸缩时，应按规定程序进行，当限制器发出警报时，应停止伸臂，起重臂伸出后，当前节臂杆的长度大于后节伸出长度时，应调整正常后，方可作业；

（6）作业时，汽车驾驶室内不得有人，发现起重机倾斜、不稳等异常情况时，应立即采取措施；

（7）起吊重物达到额定起重量的 90% 以上时，严禁同时进行两种及以上的动作；

（8）作业后，收回全部起重臂，收回支腿，挂牢吊钩，撑牢车架尾部两撑杆并锁定，销牢锁式制动器，以防旋转；

（9）行驶时，底盘走台上严禁载人或物。

任务二 吊装作业安全防范

任务描述

在上个任务中，我们认识了吊装索具与起重设备，本任务我们将学习吊装作业安全防范。

任务分析

吊装工程的施工受预制构件的类型和质量影响大；构件的应力状态变化多；高空作业多，容易发生事故，必须加强安全教育，并采取可靠措施。

任务实施

一、吊装特殊作业人员职责

（一）挂钩工岗位安全要求

（1）必须服从指挥员指挥；

（2）熟练运用手势、旗语、哨声；

（3）熟悉起重机的技术性能和工作原理；

（4）熟悉构件材料设备的装卸、运输、堆放有关知识；

（5）能正确使用吊具、索具和各种构件材料设备的拴挂方法；

（6）熟悉常用材料质量、构件设备重心位置的估算及就位方法。

（二）信号指挥工岗位安全要求

（1）具备指挥单机、双机或多机作业的指挥能力。

（2）正确使用吊具、索具，检查各种规格钢丝绳。

（3）有防止构件设备装卸、运输、堆放过程中变形的知识。

（4）掌握起重机最大起重量和各种高度、幅度时的起重量，熟知吊装起重有关知识。

（5）掌握常用材料的质量和吊运就位方法及异形构件、材料、设备的计算方法、重心位置的估算。

（6）能看懂一般机械图纸，能按图纸设计要求和工艺要求指挥起吊就位。

（7）应掌握所指挥的起重机的机械性能和其中工作性能，能熟练地运用手势、旗语、哨声和通信设备。

（8）严格执行“十不吊”制度，即超过额定负荷不吊；指挥信号不明、质量不明不吊；多人指挥，指挥人员精神不集中不吊；捆绑不牢挂钩，不符合安全要求不吊；斜拉歪吊重物不稳不吊；吊物上有人、有动物不吊；压力容器气瓶乙炔瓶或爆炸物品不吊；带有棱角刃口未衬垫不吊；埋在地下的物体不吊；无人指挥、抱闸失灵、光线暗淡看不清信号不吊。

（三）起重司机岗位要求

（1）懂得吊装构件、材料、设备重量计算；

（2）遵守起重安全技术规程、制度；

（3）掌握钢丝绳接头的穿结（卡接、插接）；

（4）了解所操纵的起重机的构造和技术性能；

（5）懂得在制动器突然失效的情况下如何紧急处理；

（6）懂得一般仪表的使用及电气设备常见故障的排除；

（7）明白起重量、变幅、起重速度与机械稳定性的关系；

（8）懂得钢丝绳的类型、鉴别、保养与安全系数的选择；

（9）操作中能及时发现和判断各种机构故障，并采取有效措施。

二、吊装作业要求

（一）起吊作业的人员及场地要求

（1）施工现场必须选派具有丰富吊装经验的信号指挥人员、挂钩人员，作业人员在施工前必须检查身体，对患有不宜高空作业疾病的人员不得安排高空作业。特种作业人员必须经过专门的安全培训，经考核合格，持特种作业操作资格证书上岗。特种作业人员应按规定进行体检和复审。

（2）起重吊装作业前，应根据施工组织设计要求划定危险作业区域，在主要施工部位、作业点、危险区都必须设置醒目的警示标志，设专人加强安全警戒，防止无关人员进入。还应根据现场作业环境专门设置监护人员，防止高处作业或交叉作业时造成的落物伤人事故。

（二）起重设备

（1）根据《危险性较大的分部分项工程安全管理办法》规定，下列起重工程属于超过一定规模的危险性较大的分部分项工程：

① 采用非常规起重设备、方法，且单件起重量在 100 kN 及以上的起重吊装工程；

② 起重量 300 kN 及以上的起重设备安装工程；高度 200 m 及以上内爬起重设备的拆除工程；

③ 安装拆除环境复杂，与设备使用说明书安装拆卸工况不符的起重机械安装与拆卸工程。

（2）起重机械按施工方案要求选型，运到现场重新组装后，应进行试运转试验和验收，确认符合要求并记录、签字。起重机经检验后可以持续使用并要持有市级有关部门定期核发的准用证。

（3）须经检查确认的安全装置包括超高限位器、力矩限制器、臂杆幅度指示器及吊钩保险装置，且均应符合要求。当该机械使用说明书中尚有其他安全装置时，应按说明书规定进行检查。

（4）汽车式起重机进行吊装作业时，行走用的驾驶室内不得有人，吊物不得超越驾驶室上方，并严禁带载行驶。

（5）双机抬吊时，要根据起重机的起重能力进行合理的负载分配，操作时要统一指挥，互相密切配合。在整个起吊过程中，两台起重机的吊滑车均应基本保持垂直状态。

（三）钢丝绳

（1）钢丝绳断丝数在一个节距中超过 10%、钢丝绳锈蚀或表面磨损达 40% 以及有死弯、结构变形、绳芯挤出等情况时，应报废停止使用。

（2）缆风绳应使用钢丝绳，其安全系数 K 为 3.5，规格应符合施工方案要求，缆风绳应与地锚牢固连接。

（四）吊点

（1）根据预制构件外形、重心及工艺要求选择吊点，并在方案中进行规定。

（2）吊点是在构件起吊、翻转、移位等作业中都必须使用的，吊点选择应与构件的重心在同一垂直线上，且吊点应在重心之上（吊点与构件重心的连线和构件的横截面垂直），使构件垂直起吊，严禁斜吊。

（3）当采用几个吊点起吊时，应使各吊点的合力在构件重心位置之上。必须正确计算每根吊索长度，使预制构件在吊装过程中始终保持稳定位置。当构件无吊鼻，需用钢丝绳绑扎时，必须对棱角处采取保护措施，其安全系数 K 为 6～8；当起吊重、大或精密的构件时，除应采取妥善保护措施外，吊索的安全系数 K 应取 10。

（五）吊装作业安全操作要点

（1）穿绳安全要求：确定吊物重心，选好挂绳位置。穿绳宜用铁钩，不得将手臂伸到构件下面。

（2）挂绳安全要求：应按顺序挂绳，吊绳不得相互挤压、交叉、扭压、绞拧。吊索的水平夹角大于 45°，吊挂绳间夹角小于 120°，避免张力过大，吊链之间应受力均匀，避免偏心不均匀受力。

（3）试吊安全要求：构件吊装应进行试吊，试吊时，构件离地面 50 cm 左右稍停，由操作人员全面检查吊具索具、卡具等，确保各方面安全可靠后方能起吊。试吊中，信号指挥工、挂钩工、时机必须协调配合，如发现吊物重心偏移或与其他物件粘连等情况，必须立即停止起吊，采取措施并确认安全方可起吊。

（4）吊装过程中，作业人员应留有一定的安全空间，与预制构件保持一定的安全距离，严禁站立在预制构件及吊钩下方，严禁作业人员站立在并排放置的构件中间，保证即使构件吊装侧翻仍然与现场人员保持一定安全距离。

（5）摘绳安全要求：落绳停稳支牢后方可放松吊绳，对易滚、易滑、易散的吊物，摘绳要用安全钩，挂钩工不得站在吊物上面，如遇不宜摘绳时，应选用其他机具辅助，严禁攀登吊物及绳索。

（6）抽绳安全要求：吊钩应与构件保持垂直，缓慢起绳，不得斜拉、强拉，不得旋转吊臂抽绳，如遇吊绳被压，应立即停止抽绳，可采取提头试吊方法抽绳；吊运易滚、易损、易倒的吊物不得使用起重机抽绳。

（六）吊装作业其他安全要求

（1）锁绳吊挂应便于摘绳操作，扁担吊挂时，吊点应对称于吊物重心；卡具吊挂应避免卡具在吊装过程中被碰撞；作业时，应缓起、缓转、缓移，并用控制绳保持吊物平衡。

（2）吊装大型物件时用千斤顶、捯链调整就位时，严禁两端千斤顶捯链同时起落，一端使用两个及两个以上千斤顶捯链调整就位时，起落速度应一致。

（3）大雨、雾、大雪、六级及以上大风等恶劣天气应停止吊装作业。雨雪后进行吊装作业时，应及时清理冰雪并采取防滑和防漏电措施，先试吊，确认制动器灵敏可靠后方可进行作业。

（4）触电事故的安全控制要点

① 吊装作业起重机的任何部位与架空输电线路边线之间的最小安全距离应符合表 4-1 的规定。

表 4-1 起重机与架空输电线路边线的最小安全距离

输电线路电压	1 kV 以下	1 ～ 15 kV	20 ～ 40 kV	60 ～ 110 kV	220 kV
垂直距离	1.5 m	3.0 m	4.0 m	3.0 m	6.0 m
水平距离	1.0 m	1.5 m	2.0 m	4.0 m	6.0 m

② 吊装作业使用的电源线必须架高，手把线绝缘要良好。在雨天或潮湿地点作业的人员，应戴绝缘手套，穿绝缘鞋。

③ 吊装作业使用行灯照明时，电压不得超过 36 V。

任务三 构件的安全运输

任务描述

由于预制构件的质量大、尺寸大，运输安全是非常重要的。本任务我们将学习构件的安全运输。

任务分析

预制构件的运输包括厂内转运和厂外运输，在转运前需确保运输方案合理、运距最优，运输过程中需做好构件的防护。

任务实施

一、运输车辆和道路准备

运输车辆采用挂车，挂车主要技术参数见表 4-2。

表 4-2　挂车主要技术参数

型号	—	
质量参数	装载质量 / kg	31 000
	整备质量 / kg	9 000
	最大总质量 / kg	40 000
尺寸参数	总长 / mm	12 980
	总宽 / mm	2 490
	总高 / mm	3 200
	前回转半径 / mm	1 350
	后间隙半径 / mm	2 300
	牵引销固定板离地高度 / mm	1 240
	轴距 / mm	8 440+1 310+1 310
	轮距 / mm	2 100
	承载面离地高度 / mm	860（满载）
	最小转弯半径 / mm	12 400
	可装运预制板高度 / mm（整车高 4 000 mm）	3 140

运输道路宽度不小于 6 m，转弯半径不小于 9 m，道路承受运输车种不小于 45 t，构件进场前确定构件运输车辆型号及构件摆放形式，确定构件合理进场时间。

二、构件装载

预制构件运输应事先进行装车方案设计，具体做到：避免超高超宽；做好配载平衡；采取防止构件移动或倾倒的固定措施，构件与车体或架子用封车带绑在一起；工厂行车、起重机械操作人员必须经培训合格，持证上岗；运输发货前，物流发货员、安全员对运输车辆、人员及捆绑情况进行安全检查，检查合格方能进行构件运输。

（一）车辆就位

构件装车顺序须按项目提供的吊装顺序进行配车，否则构件到施工现场后会给施工现场的物流带来阻碍；将车辆停于平整硬化地面上，检查车辆使车辆处于驻车制动状态。

（二）吊装

用钥匙将液压单元开关打开，半挂车卸预制板前，操作液压压紧装置控制按钮盒中对应控制按键，将压紧装置全部松开收起，打开固定支架后门。采用随车吊等吊装工具，将吊装工具与预制件连接牢靠，将预制件直立吊起，起升高度要严格控制，预制件底端距车架承载面或地面小于 100 mm，吊装行走时立面在前，操作人员站于预制件后端，两侧面与前面禁止站人。为防止预制件磕碰损伤，轻轻地将预制件置于地面专用固定装置内，并固定牢靠，进行下一次操作，完毕后将后门关闭，将液压单元开关关闭，并将钥匙取下。

三、运输

（一）厂内转运与厂外运输

1. 厂内转运

预制构件的厂内转运是指预制构件从生产车间运至堆放场地的过程。

厂内转运需要选择机具、运输车辆，清点需装运的构件，检查填写构件转运记录单、构件转运及堆场存放转运录单并存档。当生产车间与堆放场地间铺筑有轨道时，可采用轨道小车实现转运；如没有轨道，则应根据构件形状、尺寸、质量等选择合适的运输工具。

注意事项：

（1）运输道路必须平坦坚实，有足够的宽度和转弯半径。

（2）一般运输时，构件混凝土强度不应低于设计强度的 85%，屋架和薄壁构件应达到设计强度的 100%。

（3）预制构件的支点和装卸车时的吊点，应按设计要求确定。

（4）构件在运输过程中，必须有固定措施，以防运输途中倾倒，或转弯时甩出。

（5）应根据构件质量、尺寸和类型选择合适的运输车辆和装卸机械。

（6）构件应按平面布置图所示位置进行堆放，避免二次倒运。

2. 厂外运输

预制构件厂外运输前工厂发货负责人与运输负责人应在运输前做好充分准备工作，制订运输方案。

运输方案：

（1）先在地图上进行运输路线的模拟规划。

（2）根据规划路线进行实地考察，对每条运输路线所经过的桥梁、涵洞、隧道等结构物的限高、限宽要求进行详细记录，确保车辆顺利通过。

（3）合理选择 2 ~ 3 条路线，其中一条作为常用运输路线，其余作为备用方案。

（4）运输车辆经过城区道路时，应遵循国家和地方的道路交通管理条例，确保不扰民、不影响居民。

（5）控制合理运输半径，考虑运输费用占构件销售单价的比例。

（二）构件主要运输方式

预制构件主要的运输方式包括立式运输和平层叠放运输。

1. 立式运输

在低盘平板车上安装专用运输架，墙板对称靠放或插放在运输架上。内外墙板和 PCF 板（预制外挂墙板）等竖向构件多采用立式运输方案。

2. 平层叠放运输

将预制构件平放在运输车上，一件件往上叠放，一起运输。叠合板、阳台板、楼梯、装饰板等水平构件多采用平层叠放运输方式。

（三）装车状况检查

预制混凝土构件在装卸过程中应保证车体平衡，运输过程中应使用专业运输架，固定牢固，并采取防止构件滑动、倾倒的安全措施和成品保护措施。

预制混凝土构件运输安全和成品保护应符合下列规定。

（1）应根据预制混凝土构件种类采取可靠的固定措施。

（2）对于超高、超宽、形状特殊的大型预制混凝土构件的运输应制定专门的质量安全保证措施。

运输时宜采取如下防护措施：

（1）设置柔性垫片避免预制混凝土构件边角部位或链索接触处的混凝土损伤；

（2）用适当材料包裹垫块避免预制混凝土构件外观污染；

（3）堵板门窗框、装饰表面和棱角采用塑料贴膜或其他措施防护；

（4）竖向薄壁构件、门洞设临时防护支架；

（5）装箱运输时，箱内四周采用木材或柔性垫片填实，支撑牢固；

（6）装饰一体化和保温一体化的构件有防止污染措施；

（7）不超载；

（8）构件应固定牢固，有可能移动的空间用柔性材料隔垫，保证车辆转弯、刹车、上坡、颠簸时构件不移动、不倾倒、不磕碰。

运输完毕交付运输的产品质量证明文件应包括以下内容：

（1）出厂合格证；

（2）混凝土强度检验报告；

（3）钢筋连接工艺检验报告；

（4）合同要求的其他质量证明文件。

根据大型构件特点选用预制构件专用运输车或对常规运输车进行改装，降低车辆装载重心高度并设置车辆运输稳定专用固定支架。

四、卸载

建筑产业化施工过程中，在工厂预先制作的混凝土构件，根据运输与堆放方案，提前做好堆放场地、固定要求、堆放支垫及成品保护措施。对于大型构件的装卸应有专门的质量安全保证措施，所以有必要掌握构件卸落的操作安全要点。

（一）卸车准备

构件卸车前，应预先布置好临时码放场地，构件临时码放场地需要合理布置在吊装机械可覆盖范围内，避免二次吊装。管理人员分派装卸任务时，要向工人交代构件的名称、大小、形状、质量、使用吊具及安全注意事项，安全员应根据装卸作业特点对操作人员进行安全教育，装卸作业开始前，需要检查装卸地点和道路，清除障碍。

（二）卸车

装卸作业时，应按照规定的装卸顺序进行，确保车辆平衡，避免由于卸车顺序不合理导致车辆倾覆，应采取保证车体平衡的措施。装卸过程中，构件移动时，操作人员要站在构件的侧面或后面，以防物体倾倒，参与装卸的操作人员要佩戴必要安全劳保用品。装卸时，汽车未停稳，不得抢上抢下。开关汽车栏板时，应确保附近无其他人员，且必须两人同时进行。汽车未进入装卸地点时，不得打开汽车栏板，并在打开汽车栏板后，严禁汽车再移动。卸车时，要保证构件质量前后均衡，并采取有效防止构件损坏的措施，务必从上至下，依次卸货，不得在构件下部抽卸，以防车体或其他构件失衡。

卸载鹅颈上方预制件时，在确保箱内货物固定牢靠的情况下打开汽车栏板，打开汽车栏板时人员不得站立于汽车栏板正面，防止被滚落物体砸伤，卸载完成后将汽车栏板关闭并锁止可靠。

任务四 构件的安全存放

任务描述

构件的安全存放是施工过程中非常重要的一环，不仅关系到工人的人身安全，还关系到施工现场的整体安全。本任务我们将学习构件的安全存放。

任务分析

预制混凝土构件如果在存储环节发生损坏、变形将会很难修补，既耽误工期又会造成经济损失。因此，大型预制混凝土构件的存储方式非常重要。在存放前应做好存放场地的硬化处理，并设置良好的排水措施。

任务实施

一、预制构件存放原则

（1）物料储存要分门别类，按“先进先出”的原则堆放物料，原材料须填写“物料卡”标识，并有相应台账以供查询。对有批次规定特殊原因而不能混放的同一物料应分开摆放。

（2）物料储存要尽量做到“上小下大，上轻下重，不超过安全高度”。

（3）物料不得直接放置在地上，必要时加垫板、工字钢、木方或置于容器内，予以保护存放。

（4）物料要放置在指定区域，以免影响物料的收发管理。

（5）不良品与良品必须分仓或分区储存、管理，并做好相应标识。

（6）储存场地须适当保持通风，以保证物料品质不发生变异。

二、预制构件存放的一般要求

（1）存放场地应平整、坚实，并应有排水措施。

（2）存放库区宜实行分区管理和信息化台账管理。

（3）应按照产品品种、规格型号、检验状态分类存放，产品标识应明确、耐久，预埋吊件应朝上，标识应向外。标识内容宜包括构件编号、制作日期、合格状态、生产单位等信息。

（4）应合理设置垫块支点位置，确保预制构件存放稳定。支点宜与起吊点位置一致。

（5）与清水混凝土面接触的垫块应采取防污染措施。

（6）预制构件多层叠放时，每层构件间的垫块应上下对齐；预制楼板、叠合板、阳台板和空调板等构件宜平放，叠放层数不宜超过 6 层；长期存放时，应采取措施控制预应力构件起拱值和叠合板翘曲变形。

（7）预制柱、梁等细长构件宜平放且用两条垫木支撑。

（8）预制内外墙板、挂板宜采用专用支架直立存放，支架应有足够的强度和刚度，薄弱构件、构件薄弱部位和门窗洞口应采取防止变形开裂的临时加固措施。

（9）预制构件应堆放在堆场的指定位置，并应有满足周转使用的场地，堆场应设置在塔式起重机的工作范围内，且工作范围内不得有障碍物，堆垛之间宜设置通道。

三、主要预制构件的存放方式

（一）叠合板存放

叠合板存储应放在指定的存放区域，存放区域地面应保持水平。叠合板需分型号码放、水平放置。第一层叠合板应放置在 H 型钢（型钢长度根据通用性一般为 3 000 mm）上，保证桁架筋与型钢垂直，型钢距构件边 500 ~ 800 mm。层间用 4 块 100 mm × 100 mm × 250 mm 的方木隔开，四角的 4 个方木平行于型钢放置，存放层数不超过 6 层，高度不超过 1.5 m，如图 4-7 所示。

图 4-7 叠合板存放

（二）墙板的存放

墙板采用立放专用存放架，墙板长度小于 4 m 时墙板下部垫两块 100 mm × 100 mm × 250 mm 的木方，两端距墙边 300 mm 处各一块木方。墙板长度大于 4 m 或带门口洞时，墙板下部垫 3 块 100 mm × 100 mm × 250 mm 的木方，两端距墙边 300 mm 处各一块木方，墙体重心位置处一块。同时，预制外墙面靠放时，外饰面应朝内。

（三）楼梯的存放

楼梯应存放在指定的储存区域，存放区域地面应保证水平。楼梯应分型号码放。折跑楼梯左右两端第三个踏步位置应垫 4 块 100 mm × 100 mm × 500 mm 的木方，距离前后两侧为 250 mm，保证各层间木方水平投影重合，存放层数不超过 6 层。同时，预制构件存放处 2 m 范围内不应进行电焊、气焊作业。

（四）梁、柱的存放

梁、柱应存放在指定的存放区域，存放区域地面应保持水平，分型号码放、水平放置。第一层梁应放在“H”型钢（型钢长度根据通用性一般为 3 000 mm）上，保证长度方向与型钢垂直，型钢距构件边 500 ～ 800 mm，长度过长时应在中间间距 4 m 处放置一道“H”型钢，根据构件长度和质量，梁最高叠放 2 层，柱最高叠放 3 层。层间用 100 mm × 100 mm × 500 mm 的方木隔开，保证各层间木方水平投影重合于“H”型钢。

（五）预制阳台板的存放

预制阳台板叠放时，层与层之间应垫平、垫实，各层支垫应上下对齐，最下面一层支垫应通长设置，叠放层数不应大于 4 层。预制阳台板封边高度为 800 mm、1 200 mm 时宜单层放置。

（六）空调板的存放

空调板存放区域地面应保证平整。空调板应分型号码放，水平放置，层间用 2 根 40 mm × 70 mm × 500 mm 的木方隔开，木方距两侧边缘 250 mm 左右，保证各层间水平投影重合。空调板存放层数不超过 10 层。

（七）异形构件的存放

异形构件的存放要根据其质量和外形尺寸的实际情况，合理划分储存区域及储存形式，避免因损伤和变形造成构件质量缺陷。

四、预制构件成品保护

（1）预制构件成品外露保温板应采取防止开裂的措施，外露钢筋应采取防弯折的措施，外露预埋件和连接件等金属件应按不同环境类别进行防护或防腐、防锈处理。

（2）宜采取保证吊装前预埋螺栓孔清洁的措施。

（3）钢筋连接套筒、预埋孔洞应采取防止堵塞的临时封堵措施。

（4）露骨料粗糙面冲洗完成后应对灌浆套筒的灌浆孔和出浆孔进行透光检查，并清理灌浆套筒内的杂物。

（5）冬期生产和存放的预制构件的非贯穿孔洞，应采取措施防止雨、雪水进入发生冻胀损坏。

（6）不得在板上任意凿洞，板上如需要打洞，应用机械钻孔，并按设计和图集要求做好相应的加固处理。

项目小结

本项目主要介绍了装配式建筑构件的吊装、运输与存放等技术要点的相关内容。首先，认识了吊装索具与起重设备；其次，学习了吊装作业安全防范；最后，学习了装配式建筑构件的安全运输及安全存放。通过本项目学习，读者应掌握装配式建筑构件的吊装、运输与存放的重要性和技术要点。

项 目 工 单

一、任务名称

综合吊装实训。

二、任务描述

本任务具体描述见表 4-3。如因学校无实训场地和相关材料，可由教师带领进行模拟实训操作。

表 4-3　综合吊装实训任务书

任务名称	综合吊装实训

（一）实训任务

依据国家、行业相关规范、标准和图集，学生分组完成综合吊装，具体任务如下：

1. 完成吊装前的准备工作。
2. 完成外墙挂板的吊装。
3. 完成剪力墙的吊装。

（二）物料清单（每组用量）

分类	序号	名称	规格型号	单位	数量	备注
劳保用品	1	安全帽		个	5	
	2	工作手套		双	5	
	3	安全马甲		套	5	
预制构件	4	外墙挂板、预制剪力墙“一”字形、L 形节点）		套	1	
材料	5	粉笔或滑石笔		支	若干	
	6	扎丝		捆	若干	
	7	斜撑固定螺栓		个	12	
	8	橡塑棉条	2 m	根	3	
	9	垫块	钢筋保护层	个	若干	

表 4-3（续）

任务名称	综合吊装实训

续表

分类	序号	名称	规格型号	单位	数量	备注
设备机具	17	吊装设备	吊具、行车、吊链 / 吊带、吊环	套	1	
	18	检测工具	水准仪、水准尺、墨斗、钢卷尺、靠尺、塞尺、吊锤	套	1	
	19	定位工具	撬棍、钢筋定位模板、镜子	套	1	
	20	固定工具	电动扳手、可调斜撑	套	1	
	21	钢筋绑扎	扎钩、套筒	个	若干	
	22	连接钢筋、工作面处理工具	铁锤、钢丝刷、錾子、钢管	套	1	
	23	清理工具	喷壶、抹布、扫帚、簸箕	套	1	

（三）实训目的

1. 反复吊装实操训练，提高训练效率、利用率，减少成本消耗；
2. 培养学生的岗前准备和工完料清的工作习惯；
3. 培养学生掌握预制构件综合吊装岗位实操技能；
4. 增加学生现场实操体验；
5. 培养学生团队交流协作能力；
6. 培养学生从事职业活动所需的工作方法和学习方法的能力；
7. 培养学生良好的职业道德操守和行为规范。

（四）实训要求

1. 穿实训服，戴安全帽；
2. 作业过程必须戴工作手套，使用电动机械由专人负责；
3. 实训前学生自行分组，每组人数约 5 人，并选出组长，分配好每个人的工作任务；
4. 验收工作实行“三检”制度：组内自检、组间互检、指导专检；
5. 验收后，各组负责后续的拆除、清理工作，指导检查确认后方可离场。

（五）实训建议

1. 人员分配：每组约 5 人；
2. 时间分配：每组 90 min。

三、分组讨论

以 5 人为一组，选出组长并进行任务分工，将小组成员及分工情况填入表 4-4 中。

表 4-4　小组成员及分工情况

班级：　　　　　　　　组号：　　　　　　　　指导教师：

小组成员	姓名	学号	任务分工
组长			
组员			

四、任务思考

1. 通过实训操作，你发现了自身哪些不足？
2. 本实训让你有哪些收获？

五、实施过程

按实际操作步骤，将实施内容、遇到的问题及解决办法等记录于表 4-5 中。

表 4-5　工作实施过程记录表

序号	实施内容	遇到的问题及解决办法	结果

六、任务评价

各组展示任务完成情况，并完成考核评价表（表 4-6）。

表 4-6　考核评价表

项目名称	评价内容	满分 / 分	评分 / 分		
			自评	互评	师评
职业素养考核项目	考勤、纪律意识	10			
	团队交流与合作意识	10			
	参与主动性	10			
专业能力考核项目	积极参与实训活动并正确理解任务要求	10			
	认真查找与任务相关的资料	10			
	实训实施过程完成度	10			

表 4-6（续）

项目名称	评价内容	满分 / 分	评分 / 分		
			自评	互评	师评
专业能力考核项目	认真参与实训	20			
	独立完成相应任务的程度	20			
合计		100			
总评	自评（20%）+ 互评（20%）+ 师评（60%）=	综合等级	指导教师（签名）：		

课后练习

一、填空题

1. 吊索与所吊构件的水平夹角不应小于__________。

2. 对于吨位大于 12 t 的均采用__________色进行标识，同时带体上均有荷载标识标牌。

3. 当同一施工地点有两台以上起重机时，应保持两机间任何接近部位（包括吊重物）距离不得小于__________m。

4. 履带式起重机按传动方式，可分为__________、__________和__________三种。

5. 预制楼板、叠合板、阳台板和空调板等构件宜平放，叠放层数不宜超过______层。

二、简答题

1. 简述吊装作业安全操作要点。

2. 简述厂内转运的注意事项。

3. 预制构件存放原则有哪些？

项目五

装配式建筑施工准备

项目导读

装配式建筑施工前期准备工作十分重要，在确保设计方案合理性、人员到位、材料质量可靠、场地清理彻底和设备选用和准备方面都需要做到精心策划和周密安排。只有做好前期准备工作，才能保证后续的装配式建筑施工顺利进行。本项目将重点介绍装配式建筑施工准备工作的重要性以及其中的关键内容。

学习目标

知识目标

1. 熟悉识读图纸和施工组织设计。
2. 了解施工现场准备。
3. 了解进行进场混凝土构件存储和质量检查。
4. 掌握安装构件需要的机械设备相关性能。

能力目标

1. 会检测进场构件的质量。
2. 能合理安排构件存储场地，选择安装需要的设备和器具。

素质目标

1. 培养正确处理人际关系的能力。
2. 树立团队协作，合作共赢的理念。

思政目标

1. 树立科技报国的使命担当。
2. 培养勇于攀登、敢于超越的进取意识。

任务一 技术与人员准备

任务描述

在进行装配式建筑施工之前，各项准备工作必须有充分考虑和安排。本任务重点讲述技术与人员的准备。

任务分析

技术准备包括深化设计图准备、施工组织设计、施工现场平面布置、图纸会审等几个环节。人员准备包括人员培训、技术安全交底两个环节。

任务实施

一、技术准备

（一）深化设计图准备

装配式混凝土结构工程施工前，应由相关单位完成深化设计，并经原设计单位确认。预制构件的深化设计图应包括但不限于下列内容：

（1）预制构件模板图、配筋图、预埋吊件及各种预埋件的细部构造图等。

（2）夹心保温外墙板，应绘制内外叶墙板拉结件布置图及保温板排板图。

（3）水、电线、管、盒预埋预设布置图。

（4）预制构件脱模、翻转过程中混凝土强度及预埋吊件的承载力的验算。

（5）对带饰面砖或带饰面板的构件，应绘制排砖图或排板图。

（二）施工组织设计

1. 编写专项施工组织设计

工程项目明确后，应该认真编写专项施工组织设计，编写要突出装配式结构安装的特点，对施工组织及部署的科学性、施工工序的合理性、施工方法选用的技术性、经济性和实现的可能性进行科学的论证；能够达到科学合理地指导现场，组织调动人、机、料、具等资源，完成装配式安装的总体要求；针对一些技术难点提出解决问题的方法。

2. 专项施工组织设计的内容

专项施工组织设计的基本内容应包括以下几项。

（1）编制依据：指导安装所必需的施工图（包括构件拆分图和构件布置图）和相关的国家标准、行业标准、省和地方标准及强制性条文和企业标准。

（2）工程概况：

公司总体简介包括：

① 工程名称、地址、建筑规模和施工范围。

② 建设单位、设计单位、监理单位。

③ 质量和安全目标。

④ 工程设计结构及建筑特点：结构安全等级、抗震等级、地质水文、地基与基础结构以及消防、保温等要求。同时，要重点说明装配式结构的体系形式和工艺特点，对工程难点和关键部位要有清晰的预判。

⑤ 工程环境特征：场地供水、供电、排水情况；详细说明与装配式结构紧密相关的气候条件包括雨、雪、风特点；对构件运输影响大的道路桥梁情况。

（3）施工部署：合理划分流水施工段是保证装配式结构工程施工质量和进度以及高效进行现场组织管理的前提条件。装配式混凝土结构工程一般以一个单元为一个施工段，从每栋建筑的中间单元开始流水施工。

对于装配式结构应该编制预制构件明细表，见表 5-1。预制构件明细表的编制和施工段的划分为预制构件生产计划的安排、运输和吊装的组织提供了非常重要的依据。

表 5-1 预制构件明细表

序号	构件编号	安装位置	楼层	性质							尺寸			重量	备注
				外墙	内墙	剪力墙	填充墙	梁	叠合板	楼梯	长	宽	厚或高		

施工部署还应该包括整体进度计划：结构总体施工进度计划、构件生产计划、构件安装进度计划、分部和分项工程施工进度计划；预制构件运输，包括车辆数量、运输路线、现场装卸方法、起重和安装计算。

（4）施工场地平面布置。

（5）主要设备机具计划。

（6）构件安装工艺：测量放线、节点施工、防水施工、成品保护及修补措施。

（7）施工安全：吊装安全措施、专项施工安全措施及应急预案。

（8）质量管理：构件安装的专项施工质量管理。

（9）绿色施工与环境保护措施。

（三）施工现场平面布置

施工现场平面布置图是在拟建工程的建筑平面上（包括周围环境），布置为施工服务的各种临时建筑、临时设施及材料、施工机械、预制构件等，是施工方案在现场的空间体现。它反映已有建筑与拟建工程间、临时建筑与临时设施间的相互空间关系。布置得恰当与否、执行得好坏，对现场的施工组织、文明施工以及施工进度、工程成本、工程质量和安全都将产生直接的影响。根据现场不同施工阶段（期），施工现场总平面布置图可分为基础工程施工总平面图、装配式结构工程施工阶段总平面图、装饰装修阶段施工总平面布置图。现针对装配式建筑施工重点介绍装配式结构工程施工阶段现场总平面图的设计与管理工作。

1. 施工总平面图的设计内容

（1）装配式建筑项目施工用地范围内的地形状况。

（2）全部拟建建（构）筑物和其他基础设施的位置。

（3）项目施工用地范围内的构件堆放区、运输构件车辆装卸点、运输设施。

（4）供电、供水、供热设施与线路、排水排污设施、临时施工道路。

（5）办公用房和生活用房。

（6）施工现场机械设备布置图。

（7）现场常规的建筑材料及周转工具。

（8）现场加工区域。

（9）必备的安全、消防、保卫和环保设施。

（10）相邻的地上、地下既有建（构）筑物及相关环境。

2. 施工总平面图的设计原则

（1）平面布置科学合理，减少施工场地的占用面积。

（2）合理规划预制构件堆放区域，减少二次搬运；构件堆放区域单独隔离设置，禁止无关人员进入。

（3）施工区域的划分和场地的临时占用应符合总体施工部署和施工流程的要求，减少相互干扰。

（4）充分利用既有建（构）筑物和既有设施为项目施工服务，降低临时设施的建造费用。

（5）临时设施应方便生产和生活，办公区、生活区、生产区宜分离设置。

（6）符合节能、环保、安全和消防等要求。

（7）遵守当地主管部门和建设单位关于施工现场安全文明施工的相关规定。

3. 施工总平面图的设计要点

（1）设置大门，引入场外道路。施工现场宜考虑设置两个以上大门。大门应考虑周边路网情况、道路转弯半径和坡度限制，大门的高度和宽度应满足大型运输构件车辆的通行要求。

（2）布置大型机械设备。布置塔式起重机时，应充分考虑其塔臂覆盖范围、塔式起重机端部吊装能力、单体预制构件的质量以及预制构件的运输、堆放和构件装配施工。

（3）布置构件堆场。构件堆场应满足施工流水段的装配要求，且应满足大型运输构件车辆、汽车式起重机的通行、装卸要求。为保证现场施工安全，构件堆场应设围挡，防止无关人员进入。

（4）布置运输构件车辆装卸点。装配式建筑施工构件采用大型运输车辆运输。车辆运输构件多、装卸时间长，因此，应该合理地布置运输构件车辆构件装卸点，以免因车辆长时间停留影响现场内道路的畅通，阻碍现场其他工序的正常作业施工。装卸点应在塔式起重机或者起重设备的塔臂覆盖范围之内，且不宜设置在道路上。

（四）图纸会审

建筑设计图纸是施工企业进行施工活动的主要依据，图纸会审是技术管理的一个重要方面，熟悉图纸、掌握图纸内容、明确工程特点和各项技术要求、理解设计意图，是确保工程质量和工程顺利进行的重要前提。

1. 图纸会审目的

图纸会审是由设计、施工、监理单位以及有关部门参加的图纸审查会，其目的有两个：一是使施工单位和各参建单位熟悉设计图纸，了解工程特点和设计意图，找出需要解决的技术难题，并制定解决方案；二是解决图纸中存在的问题，减少图纸的差错，使设计达到经济合理、符合实际，以利于施工顺利进行。

2. 图纸会审程序

图纸会审程序通常先由设计单位进行交底，内容包括设计意图、生产工艺流程、建筑结构造型、采用的标准和构件、建筑材料的性能要求；对施工程序、方法的建议和要求以及工程质量标准与特殊要求等。然后，由施工单位（包括建设、监理单位）提出图纸自审中发现的图纸中的技术差错和图面上的问题，如工程结构是否经济、合理、实用，对设计图中不合理的地方提出改进建议；各专业图纸各部分尺寸、标高是否一致，结构、设备、水电安装之间，各种管线安装之间有无矛盾，总图与大样之间有无矛盾等，设计单位均应一一明确交底和解答。会审时，要细致、认真地做好记录。会审时施工等单位提出的问题由设计解答，整理出“图纸会审记录”，由建设、设计和施工、监理单位共同会签，“图纸会审记录”作为施工图纸的补充和依据。不能立刻解决的问题，会后由设计单位发设计修改图或设计变更通知单。

3. 图纸会审注意事项

项目技术负责人组织各专业技术人员认真学习设计图纸，领会设计意图，做好图纸审查会前的图纸自审，一般采用先粗后精、先建筑后结构、先大后细、先主体后装修、先一般后特殊的方法。在自审图纸时，还应注意：一是图样与说明要结合看，要仔细看设计总说明和每张图纸中的细部说明，注意说明与图面是否一致，说明问题是否清楚、明确，说明中的要求是否切实可行；二是土建图与安装图要结合看，要对照土建和机、电、水等图纸，核对土建安装之间有无矛盾，预埋铁件、预留孔洞位置、尺寸和标高是否相符等，并提前将自审意见集中整理成书面汇总。

拓展阅读

对于装配式结构的图纸会审应重点关注的几个方面

（1）装配式结构体系的选择和创新应该得到专家论证，深化设计图应该符合专家论证的结论；

（2）对于装配式结构与常规结构的转换层，其固定墙部分需与预制墙板灌浆套筒对接的预埋钢筋的长度和位置；

（3）墙板间边缘构件竖向主筋的连接和箍筋的封闭，后浇混凝土部位粗糙面和键槽；

（4）预制墙板之间上部叠合梁对接节点部位的钢筋（包括锚固板）搭接是否存在矛盾；

（5）外挂墙板的外挂节点做法、板缝防水和封闭做法；

（6）水、电线管盒的预埋、预留，预制墙板内预埋管线与现浇楼板的预埋管线的衔接。

二、人员准备

（一）人员培训

根据装配式混凝土结构工程的管理和施工技术特点，对管理人员及作业人员进行专项培训，严禁未培训者上岗及培训不合格者上岗；要建立完善的内部教育和考核制度，通过定期考核和劳动竞赛等形式提高职工素质。对于长期从事装配式混凝土结构施工的企业，逐步建立专业化的施工队伍。

钢筋套筒灌浆作业是装配式结构的关键工序，是有别于常规建筑的新工艺。因此施工前，应对工人进行专门的灌浆作业技能培训，模拟现场灌浆施工作业流程，提高注浆工人的质量意识和业务技能，确保构件灌浆作业的施工质量。

（二）技术安全交底

技术交底的内容包括图纸交底、施工组织设计交底、设计变更交底、分项工程技术交底。技术交底采用三级制，即由项目技术负责人、施工员、班组长分别进行交底，项目技术负责人向施工员进行交底，要求细致、齐全，并应结合具体操作部位、关键部位的质量要求、操作要点及安全注意事项等进行交底；施工员接受交底后，应反复、细致地向操作班组进行交底，除了口头和文字交底外，必要时应进行图表、样板、示范操作等方法的交底；班组长在接受交底后，应组织工人进行认真讨论，保证其明确施工意图。

对于现场施工人员要坚持每日班前会制度，与此同时进行安全教育和安全交底，做到安全教育天天讲，安全意识念念不忘。

任务二　施工现场和构件准备

任务描述

在做好技术与人员的准备工作后，本任务将继续进行施工现场准备和构件入场检验的准备工作。

任务分析

根据装配式混凝土结构专项施工方案制定预制构件场内的运输与存放计划。预制构件场内运输与存放计划包括进场时间、次序、存放场地、运输线路、固定要求、码放支垫及成品保护措施等内容，对于超高、超宽、形状特殊的大型构件的运输和码放应采取专项质量安全保证措施。此外，对入场的预制构件也要进行相应的检验工作。

任务实施

一、施工现场准备

（1）施工现场内道路应按照构件运输车辆的要求合理设置转弯半径及道路坡度。

扫一扫

施工现场准备

（2）现场运输道路和存放堆场应坚实、平整，并有排水措施。运输车辆进入施工现场的道路，应满足预制构件的运输要求。预制构件装卸、吊装的工作范围内不应有障碍物，并应有满足预制构件周转使用的场地。

（3）预制构件装卸时应考虑车体平衡，采取绑扎固定措施；预制构件边角部或与紧固用绳索接触的部位，宜采用垫衬加以保护。

（4）预制构件运送到现场后，应按规格、品种、使用部位、吊装顺序分别设置存放场地。存放场地应设置在吊车的有效吊重覆盖范围半径内，并设置通道。

（5）预制墙板宜对称插放或靠放存放，支架应有足够的刚度，并支垫稳固。预制外墙板宜对称靠放、饰面朝外，且与地面倾斜角度不宜小于80°。

（6）预制板类构件可采用叠放方式存放，构件层与层之间应垫平、垫实，每层构件之间的垫木或垫块应在同一垂直线上。大跨和特殊构件叠放层数与支垫位置，应根据构件施工验算确定。

（7）预制墙板插放于墙板专用堆放架上，堆放架设计为两侧插放，堆放架应满足强度、刚度和稳定性的要求，堆放架必须设置防磕碰、防下沉的保护措施；保证构件堆放有序、存放合理，确保构件起吊方便、占地面积最小。墙板堆放时根据墙板的吊装编号顺序进行堆放，堆放时要求两侧交错堆放，保证堆放架的整体稳定性。

二、构件入场检验

（一）预制构件的外观质量检查

对入场的预制构件的外观质量进行全数检查，见表5-2。检验方法是观察检查，要求外观质量不宜有一般缺陷、不应有严重缺陷。

表5-2　预制构件外观质量判定方法

项目	现象	质量要求	判定方法
露筋	钢筋未被混凝土完全包裹而外露	受力主筋不应有，其他构造钢筋和箍筋允许少量	观察
蜂窝	混凝土表面石子外露	受力主筋部位和支撑点位置不应有，其他部位允许少量	观察
孔洞	混凝土中孔穴深度和长度超过保护层厚度	不应有	观察
夹渣	混凝土中夹有杂物且深度超过保护层厚度	禁止夹渣	观察
外形缺陷	内表面缺棱掉角、表面翘曲、抹面凹凸不平，外表面面砖黏结不牢、位置偏差、面砖嵌缝没有达到横平竖直，转角面砖棱角不直、面砖表面翘曲不平	内表面缺陷基本不允许，要求达到预制构件允许偏差；外表面仅允许极少量缺陷，但禁止面砖黏结不牢、位置偏差、面砖翘曲不平，不得超过允许值	观察
外表缺陷	内表面麻面、起砂、掉皮、污染，外表面面砖污染、窗框保护层破坏	允许少量污染等不影响结构使用功能和结构尺寸的缺陷	观察

表 5-2（续）

项目	现象	质量要求	判定方法
连接部位缺陷	连接处混凝土缺陷及连接钢筋、连接件松动	不应有	观察
破损	影响外观	影响结构性能的破损不应有，不影响结构性能和使用功能的破损不宜有	观察
裂缝	裂缝贯穿保护层到达构件内部	影响结构性能的裂缝不应有，不影响结构性能和使用功能的裂缝不宜有	观察

（二）预制构件的尺寸检查

入场的预制构件尺寸的允许偏差应符合表 5-3 的规定，对于施工过程中临时使用的预埋件中心线位置及后浇混凝土部位的预制构件尺寸偏差可按表中的规定放大一倍执行。检查数量：按同一生产企业、同一品种的构件，不超过 100 个为一批，每批抽查构件数量的 5%，且不少于 3 件。

表 5-3 预制构件尺寸的允许偏差及检验方法

项目		允许偏差 /mm	检验方法
长度	板、梁	+10.-5	钢尺检查
	柱	+5，-10	
	墙板	± 5	
	薄腹梁、桁架	+15，-10	
宽度、高（厚）度	板、梁、柱、墙板、薄腹梁、桁架	± 5	钢尺量一端及中部，取其中较大值
侧向弯曲	梁、柱、板	$l/750$ 且≤ 20	拉线、钢尺量最大侧向弯曲处
	墙板、薄腹梁、桁架	$l/1\ 000$ 且≤ 20	
预留孔	中心线位置	5	钢尺检查
预留洞	中心线位置	15	钢尺检查
主筋保护层厚度	板	+5，-3	钢尺或保护层厚度测定仪量测
	梁、柱、墙板、薄腹梁、桁架	+10，-5	
对角线差	板、墙板	10	钢尺量两个对角线
表面平整度	板、墙板、柱、梁	5	2 m 靠尺和塞尺检查
预应力构件预留孔道位置	梁、墙板、薄腹梁、桁架	3	钢尺检查
翘曲	板	$l/750$	调平尺在两端量测
	墙板	$l/1\ 000$	

表 5-3（续）

项目		允许偏差 /mm	检验方法
预埋件	预埋板中心线位置	5	钢尺检查
	预埋板与混凝土面平面高差	0，–5	
	预埋螺栓中心线位置	2	
	预埋螺栓外露长度	+10，–5	
	预埋螺栓、预埋套筒中心线位置	2	
	预埋套筒、螺母与混凝土面平面高差	0，–5	
	线管、电盒、木砖、吊环与构件平面的中心线位置偏差	20	
	线管、电盒、木砖、吊环与构件表面混凝土高差	0，–10	
预留插筋	中心线位置	3	钢尺检查
	外露长度	+5，–5	
键槽	中心线位置	5	尺量检查
	长度、宽度、深度	± 5	
桁架钢筋高度		+5，0	尺量检查

注：1. l 为构件长度（mm）；

2. 检查中心线、螺栓和孔道位置时，应沿纵、横两个方向量测，并取其中的较大值；

3. 对形状复杂或有特殊要求的构件，其尺寸偏差应符合标准图或设计的要求；

4. 本表由施工项目专业质量检查员填写，专业监理工程师（建设单位项目专业技术负责人）组织项目专业质量（技术）负责人等进行验收。

（三）预制构件的细节检查

应详细复查其粗糙面（露集料）是否达到规范和设计要求；检查灌浆套筒是否畅通、有无异物和油污；检查钢筋的锚固方式及锚固长度。

（四）相关文件检查

检查并留存出厂合格证及查收以下证明文件。

（1）预制构件隐蔽工程质量验收表。

（2）预制构件出厂质量验收表。

（3）钢筋进厂复验报告。

（4）混凝土留样检验报告。

（5）保温材料、拉结件、套筒等主要材料进厂复验检验报告。

（6）产品合格证。

（7）产品说明书。

（8）其他相关的质量证明文件等资料。

任务三　设备的选用与准备

任务描述

在任何施工工程中，材料和设备的选用都是至关重要的。正确选择合适设备，不仅可以提高施工质量和效率，还可以降低成本和风险。本任务将主要讲解设备的选用。

任务分析

根据具体项目需求和施工图纸，选择适用于装配式建筑施工的专用设备，并确保其质量可靠、符合相关安全标准。

任务实施

一、场内水平运输设备的选用与准备

（一）场内转场运输设备

场内转场运输设备应根据现场的具体实际道路情况合理选择，若场地大可以选择拖板运输车。

（二）翻板机

对于长度大于生产线宽度，同时运输超高的竖向板，必须短边侧向翻板起模和运输，到现场则必须将板旋转 90° 实现竖向吊装。这时就需要使用翻板机。

二、垂直起重设备及用具的选用与准备

（一）起重吊装设备

根据装配式混凝土结构工程的施工要求，合理选择并配备吊装设备；根据预制构件存放、安装和连接等要求，确定安装使用的机具方案，合理的方案可实现预制构件存放便利、吊装快捷、就位准确、安全可靠。选择吊装主体结构预制构件的起重机械时，应关注的事项宜按以下要求执行：起重量、作业半径（最大半径和最小半径）、力矩应满足最大预制构件组装作业要求，起重机械的最大起重量不宜小于 10 t，塔式起重机应具有安装和拆卸空

间，轮式或履带式起重设备应具有移动式作业空间和拆卸空间，起重机械的提升或降速应满足预制构件的安装和调整要求。

装配式混凝土工程中选用的起重机械，根据设置形态可以分为固定式和移动式，施工时要根据施工场地和建筑物形状进行灵活选择。

起重机械选择的关键在于将作业半径控制在最小，根据预制混凝土构件的运输路径在起重机施工空间的有无等要素，决定采用移动式的履带式起重机还是采用固定式的塔式起重机。另外，选择要素时还要考虑主体工程时间，综合判断起重机的租赁费用、组装与拆卸费用以及拆换费用。

（二）吊具的选择与验算

1. 吊具选择

吊具应按现行国家标准的有关规定进行设计验算或试验检验，经验证合格后方可使用；应根据预制构件的形状、尺寸及质量要求选择适宜的吊具，在吊装过程中，吊索水平夹角不宜大于60°，不应小于45°；尺寸较大或形状复杂的预制构件应选择设置分配梁或分配桁架的吊具，并应保证吊车主钩位置、吊具及构件重心在竖直方向重合。

吊具、吊索的使用应符合施工安装的安全规定。预制构件起吊时的吊点合力应与构件重心重合，宜采用标准吊具均衡起吊就位，吊具可采用预埋吊环或埋置式接驳器的形式：专用内埋式螺母或内埋吊杆及配套的吊具，应根据相应的产品标准和应用技术规定选用。

预制混凝土构件吊点应提前设计好，根据预留吊点选择相应的吊具。在起吊构件时，为了使构件稳定，不出现摇摆、倾斜、转动、翻倒等现象，应选择合适的吊具。无论采用几点吊装，始终要使吊钩和吊具的连接点的垂线通过被吊构件的重心，它直接关系到吊装结果和操作的安全性。

吊具的选择必须保证被吊构件不变形、不损坏，起吊后不转动、不倾斜、不翻倒。吊具的选择应根据被吊构件的结构、形状、体积、重量、预留吊点以及吊装的要求，结合现场作业条件，确定合适的吊具。吊具选择必须保证吊索受力均匀。各承载吊索间的夹角一般不应大于60°，其合力作用点必须保证与被吊构件的重心在同一条铅垂线上，保证吊运过程中吊钩与被吊构件的重心在同一条铅垂线上。在说明中提供吊装图的构件，并应按吊装图进行吊装。在异形构件装配时，可采用辅助吊点配合简易吊具调节物体所需的位置。

当构件未设计吊钩（点）时，应通过计算确定绑扎点的位置。绑扎的方法应保证可靠和摘钩简便安全。

2. 吊具验算

验算主要有钢丝绳强度验算、吊具强度。相应的验算方法应符合《混凝土结构设计规范》（GB 50010—2010）的规定。

三、施工辅助设备的准备

（一）装配式结构脚手架

（1）高层住宅项目的施工必须搭设悬挑外脚手架，如图 5-1 所示，并且做严密的防护。

（2）严格按照施工方案规定的尺寸进行搭设，并确保节点连接达到要求；要有可靠的安全防护措施，包括两道护身栏，作业层的外侧面应设密目安全网，安全网应用钢丝与脚手架绑扎牢固；架子外侧应设挡脚板，挡脚板高度应不低于 18 cm；搭设完毕后和每次外防护架提升后应进行检查验收，检查合格后方可使用。

图 5-1 悬挑外脚手架

（3）外防护架允许的负荷最大不得超过 2.22 kN/m，脚手架上严禁堆放物料，严禁将模板支设在脚手架上，人员不得集中停留。

（4）应严格避免以下违章作业：利用脚手架吊运重物；非架子工的其他作业人员上下攀爬架子；推车在架子上跑动；在脚手架上拉结吊装缆绳；随意拆除脚手架部件和连墙杆件；起吊构件和器材时碰撞或扯动外防护架；提升时架子上站人。

（5）六级以上大风、大雾、大雨和大雪天气应暂停外防护架作业面施工。

（6）经常检查穿墙拉杆、安全网、外架吊具是否损坏，松动时必须及时更换。

（二）灌浆设备与用具

灌浆设备主要有用于搅拌注浆料的手持式电钻搅拌机，用于计量水和注浆料的电子秤和量杯，用于向墙体注浆的注浆器，用于湿润接触面的水枪。

灌浆用具主要有用于盛水、试验流动度的量杯，用于流动度试验用的坍落度筒和平板，用于盛水、注浆料的大小水桶，用于把木头塞打进注浆孔封堵的铁锤，以及小铁锹、剪刀、扫帚等。

项目小结

本项目主要介绍了装配式建筑施工准备。装配式建筑施工准备是保证施工质量和进度的重要环节，施工前要做好人员培训、材料准备、设备准备、现场准备和技术准备等工作，确保施工顺利进行。通过本项目的学习，读者应具备施工准备的相关知识和技能，做到精心策划和周密安排。

项 目 工 单

一、任务名称

制定装配式建筑施工准备细则。

二、任务描述

根据本项目所学内容及搜集网上相关资料，全班同学进行分组，每组自行制定一份装配式建筑施工准备细则，每份细则条目不得少于30条。

三、分组讨论

以3～5人为一组，选出组长并进行任务分工，将小组成员及分工情况填入表5-4中。

表5-4　小组成员及分工情况

班级：　　　　　　　　　　　组号：　　　　　　　　　　指导教师：

小组成员	姓名	学号	任务分工
组长			
组员			

四、任务思考

1. 你认为装配式建筑施工准备工作重要吗，为什么？

2. 教材中还有哪些准备工作没有涉及？请补充你认为重要的内容在你小组制定的细则中。

五、实施过程

按实际操作步骤，将实施内容、遇到的问题及解决办法等记录于表5-5中。

表5-5　工作实施过程记录表

序号	实施内容	遇到的问题及解决办法	结果

六、任务评价

各组展示任务完成情况，并完成考核评价表（表 5-6）。

表 5-6　考核评价表

项目名称	评价内容	满分 / 分	评分 / 分		
			自评	互评	师评
职业素养考核项目	考勤、纪律意识	10			
	团队交流与合作意识	10			
	参与主动性	10			
专业能力考核项目	积极参与教学活动并正确理解任务要求	10			
	认真查找与任务相关的资料	10			
	对建筑施工准备工作的了解程度	10			
	对任务参与的完整度	20			
	独立完成相应任务的程度	20			
合计		100			
总评	自评（20%）+ 互评（20%）+ 师评（60%）=	综合等级	指导教师（签名）：		

课 后 练 习

一、填空题

1. 图纸会审是由________________、________________、________________以及有关部门参加的图纸审查会。

2. 现场运输道路和存放堆场应坚实、平整，并有________________措施。

3. 预制构件运送到现场后，应按________________、________________、使用部位、吊装顺序分别设置存放场地。存放场地应设置在吊车的有效吊重覆盖范围半径内，并设置________________。

4. 对入场的预制构件外观质量进行检验的方法是________________检查。

5. 高层住宅项目的施工必须搭设________________。

二、简答题

1. 简述装配式混凝土结构施工前准备有哪些工作内容？

2. 构件入场检验内容有哪些？

3. 灌浆材料需要工具有哪些？

项目六

装配式建筑构件安装施工

项目导读

当装配式建筑施工准备工作到位后，接下来就是进行构件安装施工。首先，对于同一组装单元内的构件，根据设计要求使用合适的连接方式（例如螺栓连接或焊接）将其互相固定在一起。其次，在整个结构中采用适当方法进行多层连接和稳定加固以保证房屋结构的整体稳定性。最后，在所有连接完成之后进行最终固定验收，并检查是否有松动或变形等异常情况。本项目我们将学习装配式建筑构件安装施工的相关知识。

学习目标

知识目标

1. 掌握竖向构件、水平向构件安装工艺流程。
2. 熟悉混凝土外挂墙板的安装与封缝打胶。

能力目标

1. 能完成预制构件安装环节操作。
2. 会编制构件安装施工方案。

素质目标

1. 要有干一行、爱一行、钻一行的意识。
2. 体验实践出真知的道理，培养实验精神和创新思维。

思政目标

1. 培育百折不挠、艰苦奋斗的革命精神。
2. 弘扬开拓创新、砥砺奋进的时代精神。

任务一 混凝土竖向受力构件安装

任务描述

装配式混凝土建筑的竖向受力构件主要是剪力墙和预制柱。本任务主要讲述预制剪力墙和预制柱的施工要点与注意事项。

任务分析

根据《装配式混凝土结构技术规程》（JGJ 1—2014）的规定，对于高层装配整体式结构宜设置地下室，地下室宜采用现浇混凝土；剪力墙结构底部加强部位的剪力墙宜采用现浇混凝土；框架结构首层柱宜采用现浇混凝土和承重墙、柱等竖向构件，宜上、下连续设计；对于采用钢筋灌浆套筒连接的结构，其现浇混凝土结构与预制墙体连接转换部位预埋钢筋定位的准确性，将直接影响预制墙板吊装的结构安全和施工速度。

任务实施

一、预制混凝土竖向受力构件安装概述

竖向受力构件安装工艺流程如下：

放线及预留钢筋校正→竖向构件吊装安装→构件校正、固定→连接区灌浆。

（一）安装位置测量画线、铺设坐浆料

1. 安装位置测量画线

安装施工前，应在预制构件和已完成的结构上测量放线，设置安装定位标志；对于装配式剪力墙结构测量、安装、定位主要包括以下内容：下层楼面轴线垂直控制点不应少于4个，楼层上的控制轴线应使用经纬仪由底层原始点垂直向上引测；每个楼层应设置1个引测控制点；预制构件控制线应由轴线引出，每块预制构件应有纵、横控制线各2条；预制外墙板安装前应在墙板内侧弹出竖向与水平线，安装线应与楼层上该墙板控制线相对应。当采用饰面砖外装饰时，饰面砖竖向、横向砖缝应引测，贯通到外墙内侧来控制相邻板与板之间、层与层之间饰面砖砖缝对直；预制外墙板垂直度测量，4个角留设的测点为预制外墙板转换控制点，用靠尺以此4点在内侧进行垂直度校核和测量，在构件上预埋标高控

制调节件。

测量过程中应该及时将所有柱、墙、门洞的位置在地面弹好墨线，并准备铺设坐浆料。将安装位洒水阴湿，地面上、墙板下放好垫块，垫块保证墙板底标高的正确，由于坐浆料通常在 1 h 内初凝，所以吊装必须连续作业，相邻墙板的调整工作必须在坐浆料初凝前进行。

2. 铺设坐浆料

坐浆料必须满足以下技术要求。

（1）坐浆料坍落度不宜过高，一般在市场购买 40 ～ 60 MPa 的灌浆料使用小型搅拌机（容积可容纳一包料即可）加适当的水搅拌而成，不宜调制过稀，必须保证坐浆完成后成中间高、两端低的形状。

（2）在坐浆料采购前需要与厂家约定浆料内粗集料的最大粒径为 4 ～ 5 mm，且坐浆料必须具有微膨胀性。

（3）坐浆料的强度等级应比相应的预制墙板混凝土的强度提高一个等级。

（4）为防止坐浆料填充到外叶板之间，在苯板处补充 50 mm × 20 mm 的苯板堵塞缝隙。剪力墙底部接缝处坐浆强度应该满足设计要求。同时，以每层为一检验批；每工作班应制作一组且每层不少于 3 组，边长为 70.7 mm 的立方体试件，标准养护 28 d 后进行抗压强度试验。

（二）吊装、定位校正和临时固定

1. 墙板吊装

由于吊装作业需要连续进行，所以吊装前的准备工作非常重要。首先应将所有柱、墙、门洞的位置在地面弹好墨线，根据后置埋件布置图，采用后钻孔法安装预制构件定位卡具，并进行复核检查；同时，对起重设备进行安全检查，并在空载状态、对吊臂角度、负载能力、吊绳等进行检查，对吊装困难的部件进行空载实际演练（必须进行），将捯链、斜撑、螺钉、扳手、靠尺、开孔电钻等工具准备齐全，操作人员对操作工具进行清点。检查预制构件预留螺栓孔畅通情况，在吊装前进行修复，保证螺栓孔丝扣完好；架好经纬仪、水准仪并调平。预制构件在吊装过程中应保持稳定，不得偏斜、摇摆和扭转。吊装时，一定采用扁担式吊具吊装。

2. 墙板定位校正

墙板底部若局部套筒未对准时，可使用捯链将墙板手动微调、对孔。底部没有灌浆套筒的外填充墙板直接顺着角码缓缓放下墙板。

垂直坐落在准确的位置后拉线复核水平是否有偏差，无误差后，利用预制墙板上的预埋螺栓和地面后置膨胀螺栓安装斜支撑杆，复测墙顶标高后，方可松开吊钩，利用斜撑杆调整好墙体的垂直度（在调节斜撑杆时必须两名工人同时、同方向，分别调节两根斜杆）；调节好墙体垂直度后，刮平底部坐浆。

安装施工应根据结构特点按合理顺序进行，需考虑到平面运输、结构体系转换、测量校正、精度调整及系统构成等因素，及时形成稳定的空间刚度单元。必要时应增加临时支撑结构或临时措施。单个混凝土构件的连接施工应一次性完成。

预制墙板等竖向构件安装后，应对安装位置、安装标高、垂直度、累计垂直度进行校核与调整；其校核与偏差调整原则可参照以下要求：预制外墙板侧面中线及板面垂直度的校核，应以中线为主进行调整；预制外墙板上下校正时，应以竖缝为主进行调整；墙板接缝应以满足外墙面平整为主，内墙面不平或翘曲时，可在内装饰或内保温层内调整；预制外墙板山墙阳角与相邻板的校正，以阳角为基准进行调整；预制外墙板拼缝平整的校核，应以楼地面水平线为准进行调整。

构件安装就位后，可通过临时支撑对构件的位置和垂直度进行微调。

3. 墙板临时固定

安装阶段的结构稳定性对保证施工安全和安装精度非常重要，构件在安装就位后，应采取临时措施进行固定。临时支撑结构或临时措施应能承受结构自重、施工荷载、风荷载、吊装产生的冲击荷载等作用，并不至于使结构产生永久变形。

装配式混凝土结构工程施工过程中，当预制构件或整个结构自身不能承受施工荷载时，需要通过设置临时支撑来保证施工定位、施工安全及工程质量。临时支撑包括水平构件下方的临时竖向支撑，在水平构件两端支撑构件上设置的临时牛腿，竖向构件的临时支撑等。

对于预制墙板，临时斜撑一般安放在其背后，且一般不少于两道；对于宽度比较小的墙板，也可仅设置 1 道斜撑。当墙板底部没有水平约束时，墙板的每道临时支撑包括上部斜撑和下部支撑，下部支撑可做成水平支撑或斜向支撑。对于预制柱，由于其底部纵向钢筋可以起到水平约束的作用，故一般仅设置上部支撑。柱的斜撑也最少要设置两道，且应设置在两个相邻的侧面上，水平投影相互垂直。

临时斜撑与预制构件一般做成铰接，并通过预埋件进行连接。考虑到临时斜撑主要承受的是水平荷载，为充分发挥其作用，对上部的斜撑，其支撑点距离板底的距离不宜小于板高的 2/3，且不应小于高度的 1/2。

调整复核墙体的水平位置和标高、垂直度及相邻墙体的平整度后，填写预制构件安装验收表，施工现场负责人及甲方代表（或监理）签字后进入下道工序，依次逐块吊装直至本层外墙板全部吊装就位。

预制墙板斜支撑和限位装置应在连接节点和连接接缝部位后浇混凝土或灌浆料强度达到设计要求后拆除；当设计无具体要求时，后浇混凝土或灌浆料应达到设计强度的 75% 以上方可拆除；预制柱斜支撑应在预制柱与连接节点部位后浇混凝土或灌浆料强度达到设计要求，且上部构件吊装完成后进行拆除。拆除的模板和支撑应分散堆放并及时清运，应采取措施避免施工集中堆载。

二、剪力墙的安装

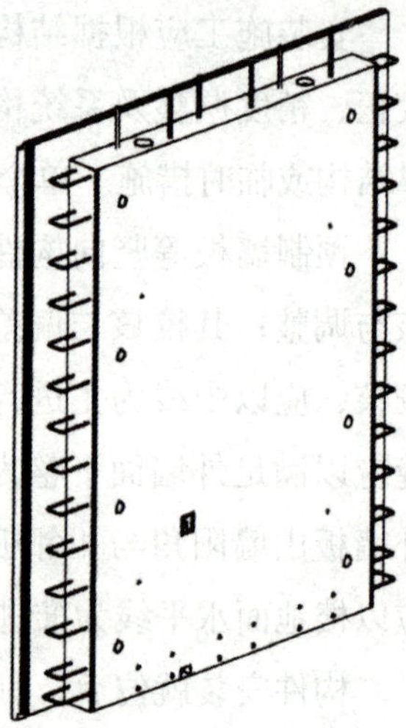

图 6-1 预制剪力外墙板

预制剪力墙分为预制剪力外墙板和预制剪力内墙板。预制剪力外墙板一般包含三个组成部分，从外向内依次是外页板、保温层、内页板，如图 6-1 所示；预制剪力内墙板是钢筋混凝土结构层。预制剪力外墙板和预制剪力内墙板的安装施工流程一致。预制剪力墙宜采用一字形，也可以采用L形、T形或U形。预制剪力墙是装配整体式剪力墙结构体系的主要受力构件，所以预制剪力墙的安装施工尤为重要。

（一）安装顺序

预制剪力墙的安装顺序如下：

放线→钢筋调直→安装吊具→吊运→落位→安装斜撑→墙板校正→摘钩。

（二）主要施工要点

（1）提前弹出预制墙板墙身线和 200 mm 控制线；根据水准仪的测量数据，在预制墙板吊装面位置下放置垫片并复核垫块标高。

（2）检查预留钢筋的位置，使用空心钢管对弯曲的钢筋进行调直；严禁对预留钢筋进行随意切割和强行调整。

（3）起吊前应核对构件编号，检查预留灌浆套筒是否有缺陷、杂物和油污，保证灌浆套筒完好。

（4）选择合适的吊具，吊索水平夹角不宜大于 60°，且不应小于 45°。起吊时应先将构件缓慢吊离地面，200 ～ 300 mm 后停止起吊，检查起重机的稳定性、制动装置的可靠性、构件的平衡性和绑扎的牢固性等，确认安全无误后，方可继续起吊。

（5）已吊起的构件，不能长久停滞在空中。吊装经过的区域下方须设置警戒区，施工人员应撤离，由信号司索工指挥。就位时，待构件下降至作业面 1 m 左右高度时，施工人员方可靠近操作，以保证操作人员的安全。

（6）构件下降距楼面 200 ～ 300 mm 时，略作停顿，施工人员摆正构件位置。平稳吊至安装位置上方 80 ～ 100 mm 时，缓慢降低墙板位置，通过小镜子检查墙板下口套筒与连接钢筋位置是否对正，检查合格后，缓慢落钩，使墙板落至找平垫片上。

（7）墙板就位后，立即进行斜支撑的安装。安装斜支撑时先安装长斜撑再安装短斜撑，先紧固地面螺栓再紧固墙面螺栓。斜支撑的水平投影与墙板垂直，且不能影响其他墙板的安装。

（8）调整短支撑以调整墙板位置，调整长支撑以调整墙板的垂直度。在调整垂直度时同一构件上的斜支撑调节件应向同一方向旋转，以防构件受扭。根据标高调整墙板之间的横缝；根据墙板端线控制竖缝的宽度。

（9）斜撑安装完成且调整固定后，摘取吊钩，进行下一块剪力墙板的安装。

三、预制柱的安装

（一）施工流程

预制柱施工流程为：放线→安装吊具→吊运→落位→安装斜撑→校正→摘钩。

（二）注意事项

（1）安装前，首先检查预制柱尺寸规格，混凝土的强度是否符合设计和规范要求；检查柱上预留套管及预留钢筋是否满足图纸要求，检查套管内是否有杂物。

（2）吊装顺序宜按照角柱、边柱、中柱顺序进行，与现浇部分连接的宜先行吊装。

（3）根据预制柱平面各轴的控制线进行柱边线放样，在柱下安置垫片，以控制柱的安装标高；垫片放置于柱位靠中央侧约 0.25 倍的柱宽位置。

（4）绘制柱头梁位线。使用专用吊环和预制柱上预埋的接驳器连接。

（5）起吊时，以软性垫片置于预制柱起立着地点下，作为翻转时柱底与地面的隔离，用来防止构件起立时造成破损；吊离地面后停顿 15 s，确认安全无误后，方可继续起吊。吊装经过的区域下方须设置警戒区，施工人员应撤离，由信号司索工指挥。就位时，待构件下降至作业面 1 m 左右高度时，施工人员方可靠近操作，以保证操作人员的安全。

（6）平稳吊至安装位置上方 80 ～ 100 mm 时，缓慢降低预制柱的位置，通过小镜子检查柱下口套筒与连接钢筋位置是否对正，检查合格后，缓慢落钩，使预制柱落至找平垫片上。

（7）以轴线和外轮廓线为控制线，用撬棍等工具对柱的根部就位进行确定。对于边柱和角柱应以外轮廓线控制为准。

（8）预制柱就位后，立即进行斜支撑的安装。每根柱至少需锁紧 3 组斜撑固定座。柱上的上部斜支撑，其支撑点至柱底的距离不宜小于柱身高度的 2/3，且不应小于柱身高度的 1/2。

（9）测量柱的垂直度，通过斜支撑调整预制柱的垂直度。柱的垂直方向、水平方向、标高均应校正达到规范规定及设计要求。

（10）预制柱的吊装应使用半自动脱钩吊具，减少作业人员爬上摘钩次数，而且在吊装过程中应实行协同作业，确保人员安全。

任务二 混凝土（包括叠合）水平受力构件安装

任务描述

本任务重点讲述预制混凝土叠合梁、预制混凝土叠合楼板、混凝土预制楼梯的安装施工。

任务分析

叠合构件是指由预制混凝土构件（或既有混凝土结构构件）和后浇混凝土组成，以两阶段成型的整体受力结构构件。叠合构件主要用于装配整体式结构，其原则也适用于对既有结构进行重新设计。预制－现浇叠合式构件的特点是两阶段成形，两阶段受力。第一阶段可为预制构件，也可为既有结构；第二阶段则为后续配筋、浇筑而形成整体的叠合混凝土构件。叠合构件兼有预制装配和整体现浇的优点，也常用于既有结构的加固，对于水平的受弯构件（梁、板）及竖向的受压构件（柱、墙）均适用。

任务实施

一、预制混凝土叠合梁的安装施工

（一）叠合梁安装施工流程

叠合梁安装施工流程如下：

预制梁进场、验收→按图放线（梁搁柱头边线）→设置梁底支撑→预制梁起吊→预制就位安放梁→微调→接头连接。

（二）预制梁吊点位置、吊具索具使用

预制梁一般用两点吊，预制梁两个吊点分别位于梁顶两侧距离两端 $0.2L$（梁长）位置，由生产构件厂家预留。

现场吊装工具采用双腿锁具或扁担梁吊住预制梁两个吊点逐步移向拟定位置，人工通过预制梁顶绳索辅助梁就位。

（三）预制梁就位

（1）用水平仪抄测出柱顶与梁底标高误差，然后在柱上弹出梁边控制线。

（2）在构件上标明每个构件所属的吊装顺序和编号，便于吊装操作工人辨认。

（3）梁底支撑采用钢立杆支撑 + 可调顶托，可调顶托上铺设 100 mm × 100 mm 方木，预制梁的标高通过支撑体系的顶丝来调节。

（4）预制梁起吊。预制梁起吊时，用双腿锁具或吊索钩住扁担梁的吊环，吊索应有足够的长度以保证吊索和梁之间的角度呈 60°；当用扁担梁吊装梁时，吊索应有足够的长度以保证吊索和扁担梁之间的角度呈 60°。

（5）当预制梁初步就位后，两侧借助柱头上的梁定位线将梁精确校正，在调平同时将下部可调支撑上紧，这时方可松去吊钩。

（6）主梁吊装结束后，根据柱上已放出的梁边和梁端控制线，检查主梁上的次梁缺口位置是否正确，如不正确，需做相应处理后方可吊装次梁，梁在吊装过程中要按柱对称吊装。

（四）预制梁接头连接

（1）混凝土浇筑前应将预制梁两端键槽内的杂物清理干净，并提前 24 h 浇水湿润。

（2）预制梁两端键槽钢筋绑扎时，应确保钢筋位置的准确。

（3）预制梁水平钢筋连接为机械连接、钢套筒灌浆连接或焊接连接。

二、预制混凝土叠合楼板的安装施工

预制叠合板是当前普遍使用的预制楼板，一间房可以放置一块预制楼板，当房间较大时，一间房可以放置若干块预制楼板，并对板缝依据规范和标准图集做法进行处理。

（一）叠合板吊装工艺流程

叠合板吊装工艺流程如下：

叠合板进场、验收→放线→搭设板底支撑→安装吊具→叠合板吊装→叠合板就位→叠合板微调→摘钩。

（二）叠合板吊点位置、吊具索具使用

叠合板的吊点位置应合理设置，吊点宜采用框架横担梁四点或八点吊，起吊就位应垂直平稳，多点起吊时吊索与板水平面所成夹角不宜大于 60°，不应小于 45°，如图 6-2 所示。

图 6-2　叠合板吊装

（三）叠合板初步就位

（1）进场验收。进场验收主要检查资料及外观质量，防止在运输过程中发生损坏现象。叠合板进入工地现场，堆放场地应夯实平整，并应防止地面不均匀下沉。钢筋桁架板应按照不同型号、规格分类堆放。叠合板应采用板桁架筋朝上叠放的堆放方式，严禁倒置叠合板，各层板下部应设置垫木，垫木应上下对齐，不得脱空。堆放层数不应大于6层，并有稳固措施。

（2）在吊装完成的梁或墙上测量并弹出相应预制板四周的控制线，并在构件上标明每个构件所属的吊装顺序和编号，便于吊装操作工人辨认。

（3）在叠合板两端部位设置临时可调节支撑杆，叠合板的支撑设置应符合以下要求：

① 支撑架体应具有足够的承载能力、刚度和稳定性，应能可靠地承受混凝土构件的自重和施工过程中所产生的荷载及风荷载，支撑立杆下方应铺 50 mm 厚木板。

② 确保支撑系统的间距及距离墙、柱、梁边的净距符合系统验算要求，上下层支撑应在同一直线上。

（4）在可调节顶撑上架设木方，调节木方顶面至板底设计标高，开始吊装叠合板。叠合板支撑如图 6-3 所示。

图 6-3　叠合板支撑

（5）吊装应按顺序连续进行，板吊至上方 30 ～ 60 mm 后，调整板位置使锚固筋与梁箍筋错开便于就位，板边线基本与控制线吻合。将叠合板坐落在木方顶面，及时检查板底与预制叠合梁或剪力墙的接缝是否到位，叠合板钢筋伸入墙长度是否符合要求，直至吊装完成。

安装叠合板时，其搁置长度应满足设计要求。叠合板与梁或墙间宜设置不大于 20 mm 垫片。实心平板侧边的拼缝构造形式可采用直平边、双齿边、斜平边，部分斜平边等。实心平板端部伸出的纵向受力钢筋即胡子筋，当胡子筋影响钢筋桁架板铺板施工时，可在一端不预留胡子筋，并在不预留胡子筋一端的实心平板上方设置端部连接钢筋代替胡子筋，端部连接钢筋应沿板端交错布置，端部连接钢筋支座锚固长度不应小于 108 mm、深入板内长度不应小于 150 mm。

当一跨板吊装结束后，要根据板四周边线及板柱上弹出的标高控制线对板标高及位置进行精确调整，误差控制在 2 mm 以内。

（四）预埋管线布置

预埋管线可布置在板肋间，并且可以从肋上预留孔中穿过，不能从板肋上跨过；当预留管线孔与板肋有冲突时，板肋损坏不能超过 400 mm。叠合板管线布置如图 6-4 所示。

（五）浇筑叠合层混凝土

叠合层混凝土的浇筑必须满足《混凝土结构工程施工质量验收规范》（GB 50204—2015）中相关规定的要求；浇筑混凝土过程应该按规定见证取样留置混凝土试件。

图 6-4　叠合板线管布置

浇筑混凝土前用塑料管和胶带缠住灌浆套筒预留钢筋，防止预留钢筋粘上混凝土，影响后续灌浆连接的强度和黏结性；同时，必须将板表面清扫干净并浇水充分湿润，但板面不能有积水。

叠合板混凝土浇筑时，为了保证叠合板及支撑受力均匀，混凝土浇筑采取从中间向两边浇筑，连续施工，一次完成。同时，使用平板振动器振捣，确保混凝土振捣密实。根据楼板标高控制线控制板厚；浇筑时，采用 2 m 刮杠将混凝土刮平，随即进行混凝土收面及收面后的拉毛处理；浇筑完成后，按相关施工规范规定对混凝土进行养护。

三、混凝土预制楼梯安装施工

（一）施工流程

扫一扫

混凝土预制楼梯安装施工

混凝土预制楼梯安装施工流程如下：

预制楼梯进场、验收→放线→预制楼梯吊装→预制楼梯安装就位→预制楼梯微调定位→吊具拆除。

楼梯间周边梁板叠合层混凝土浇筑完工后，测量并弹出相应楼梯构件端部和侧边的控制线。

（二）吊点位置、吊具索具使用

图 6-5　预制楼梯四点吊装

预制楼梯一般采用四点吊，如图 6-5 所示，配合捯链下落就位调整索具铁链长度，使楼梯段休息平台处于水平位置，试吊预制楼梯板，检查吊点位置是否准确，吊索受力是否均匀等；预制楼梯试起吊高度不应超过 1 m。

（三）预制楼梯就位

（1）预制楼梯吊至梁上方 300 ~ 500 mm 后，调整预制楼梯位置使上下平台锚固筋与梁、箍筋错开，板边线基本与控制线吻合。

（2）根据已放出的楼梯控制线，将构件根据控制线精确就位，先保证楼梯两侧准确就位，再使用水平尺和捯链调节楼梯水平。

（四）预制楼梯定位

（1）吊装就位后，重点检查板缝宽度及板底拼缝高差，若高差较大，必须调节顶托使高低差在允许范围以内。调节竖向支撑的立杆，确保所有立杆全部受力。

（2）检查牢固后，方可摘取吊钩，进行下一个梯段的安装。

（3）铰接连接安装：楼梯段校正完毕后，用钢管将梯段上口预留孔与休息平台预留孔进行连接。钢管外径略小于孔洞口径即可。

（4）楼梯安装完成后，应及时将踏步面加以保护，避免施工导致踏步破损。

任务三 混凝土外挂墙板的安装与封缝打胶

任务描述

预制外挂墙板是安装在主体结构（一般为钢筋混凝土框架结构、框－剪结构、钢结构）上起围护、装饰作用的非承重预制混凝土外墙板，按照装配式结构的装配程序分类应该属于“后安装法”。本任务我们将学习混凝土外挂墙板的安装与封缝打胶。

任务分析

装配整体式混凝土结构由于采用大量现场拼装的构配件会留下较多的拼装接缝，这些接缝很容易成为水流渗透的通道，从而对外墙防水提出了很高的要求。

任务实施

一、预制混凝土外挂墙板施工

（一）预制外挂墙板的特点

预制外挂墙板与主体结构的连接采用柔性连接构造，主要有点支撑和线支撑两种安装方式；按照装配式结构的装配工艺分类，应该属于“干作法”。

根据以上外挂墙板的特点，首先必须重视外挂节点的安装质量保证其可靠性；对于外挂墙板之间必须有的构造“缝隙”，必须进行填缝处理和打胶密封。

（二）外墙挂板的施工流程

外墙挂板的施工工艺流程为：放线→安装吊具→吊运→落位→固定→墙板校正→摘钩。

（三）外挂墙板施工前准备

（1）外挂墙板安装前应该编制安装方案，确定外挂墙板水平运输、垂直运输的吊装方式，进行设备选型及安装调试。

（2）主体结构预埋件应在主体结构施工时按设计要求埋设；外挂墙板安装前应在施工单位对主体结构和预埋件验收合格的基础上进行复测，对存在的问题应与施工、监理、设计单位进行协调解决。主体结构及预埋件施工偏差应符合《混凝土结构工程施工质量验收规范》（GB 50204—2015）的规定，垂直方向和水平方向最大施工偏差应该满足设计要求。

（3）外挂墙板在进场前应进行检查验收，不合格的构件不得安装使用，安装用连接配套材料应进行现场报验，复试合格后方可使用。

（4）外挂墙板的现场存放应该按安装顺序排列并采取保护措施。

（5）外挂墙板安装人员应提前进行安装技能和安装培训工作，安装前施工管理人员做好技术交底和安全交底工作。施工安装人员应充分理解安装技术要求和质量检验标准。

（四）外挂墙板的安装与固定

（1）外挂墙板正式安装前要根据施工方案要求进行试安装，经过试安装并验收合格后可进行正式安装。

（2）外挂墙板应该按顺序分层或分段吊装，吊装应采用慢起、稳升、缓放的操作方式，应系好缆风绳控制构件转动；吊装过程中应保持稳定，不得偏斜、摇摆和扭转。应采取保证构件稳定的临时固定措施，外挂墙板的校核与偏差调整应按以下要求。

① 预制外挂墙板侧面中线及板面垂直度的校核，应以中线为主调整。

② 预制外挂墙板上下校正时，应以竖缝为主调整。

③ 墙板接缝应以满足外墙面平整为主，内墙面不平或翘曲时，可在内装饰或内保温层内调整。

④ 预制外挂墙板山墙阳角与相邻板的校正，以阳角为基准调整。

⑤ 预制外挂墙板拼缝平整的校核，应以楼地面水平线为准调整。

（3）外挂墙板安装就位后应对连接节点进行检查验收，隐藏在墙内的连接节点必须在施工过程中及时做好隐检记录。

（4）外挂墙板均为独立自承重构件，应保证板缝四周为弹性密封构造，安装时，严禁在板缝中放置硬质垫块，避免外挂墙板通过垫块传力造成节点连接破坏。

（5）节点连接处露明铁件均应做防腐处理，对于焊接处镀锌层破坏部位必须涂刷三道防腐涂料，有防火要求的铁件应采用防火涂料喷涂处理。

（6）外挂墙板安装质量的尺寸允许偏差检查，应符合规范要求。

拓展阅读

外墙挂板的安装施工注意事项

（1）预制外挂墙板安装前应在墙板内侧弹出竖向与水平线，安装时应与楼层上该墙板控制线相对应。根据水准仪的测量数据，在预制外墙板吊装面位置下放置垫片并复核垫块标高。

（2）选择合适的吊具，检查吊钩与吊钉连接是否稳固，检查吊钉周围是否有蜂窝、麻面、开裂等影响吊钉受力的质量缺陷。预制构件应严格按照编号顺序起吊；吊装应采用慢起、稳升、缓放的操作方式。

（3）构件在空中吊运时，防坠隔离区内不得有施工人员；防坠隔离区为建筑物外边线向外延伸 6 m。

（4）起吊时应先将构件缓慢吊离地面，200 ～ 300 mm 后停止起吊，检查起重机的稳定性、制动装置的可靠性、构件的平衡性和绑扎的牢固性等，确认安全无误后，方可继续起吊。已吊起的构件，不能长久停滞在空中。

（5）构件下降距楼面 200 ～ 300 mm 时，略作停顿，施工人员摆正构件位置。平稳吊至安装位置上方 80 ～ 100 mm 时，构件缓慢落位，注意检查构件是否对齐边线及端线。

（6）墙板就位后，立即进行斜支撑的安装。调整短支撑以调整墙板位置，调整长支撑以调整墙板的垂直度。

（7）预制构件吊装到位后，应立即进行下部螺栓固定，并做好防腐防锈处理。上部预留钢筋与叠合板钢筋或框架梁预埋件焊接。

（8）斜撑安装完成且调整固定后，摘取吊钩。严禁人员踩扶外墙挂板取钩。摘钩后进行下一块墙板的吊装工作。

二、预制混凝土外挂墙板板缝的防水处理

装配式结构外墙接缝防水主要分为两种形式，一种是靠设计进行构造防水，另一种是进行材料防水，从而达到防止出现外墙渗漏的问题。其中材料防水运用最多的是打胶封缝防水。这种外墙板接缝防水形式是目前运用最多的一种形式，它的优点是施工比较简易、速度快；缺点是防水质量难以控制，空腔堵塞情况时有发生，一旦内侧混凝土发生开裂直接导致墙板防水失败。下面以此种防水形式为例说明施工工艺。

（一）材料要求

外墙接缝材料防水密封对密封材料的性能有一定要求。用于板缝材料防水的合成高分子材料，主要品种有硅酮密封膏、聚硫建筑密封膏、丙烯酸酯建筑密封膏、聚氨酯建筑密封膏等几种。主要性能要求如下。

（1）较强黏结性能：与基层黏结牢固，使构件接缝形成连续防水层。同时要求密封膏用于竖缝部位时不下垂，用于平缝时能够自流平。

（2）良好的弹塑性：由于外界环境因素的影响，外墙接缝会随之发生变化，这就要求防水密封材料必须有良好的弹塑性，以适应外力的条件而不发生断裂、脱落等。

（3）较强的耐老化性能：外墙接缝材料要承受暴晒、风雪及空气中酸碱的侵蚀。这就要求密封材料有良好的耐候性、耐腐蚀性。

（4）施工性能：要求密封胶有一定的储存稳定性，在一定期内不应发生固化，便于施工。

（5）装饰性能：防水密封材料还应具有一定的色彩，达到与建筑外装饰的一致性。

（二）施工准备

（1）主要材料：密封膏、聚乙烯泡沫板、橡胶棒、泡沫条等。

（2）主要机具：胶枪、毛刷、抹光机等。

（三）施工工序

水平、竖向缝基层清理→缝宽调整→A 级不燃岩棉填充→发泡聚乙烯塑料棒填塞施工→密封胶施工。

（1）预制外墙板连接接缝防水节点基层及空腔排水构造做法符合设计要求。

（2）板缝防水施工人员应经过培训合格后上岗，具备专业打胶资格和防水施工经验。

（3）预制外墙板外侧水平、竖直接缝的防水密封胶封堵前，侧壁应清理干净，保持平整。

（四）施工内容

（1）水平、竖向缝基层清理。用人工将外墙水平、竖向缝内的海绵胶条清除。用长毛刷将缝内的垃圾清扫干净，或者真空吸尘器清洁基材表面上由于打磨而残留的灰尘、杂质等，从而得到一个干净、干燥和结构均一的基面。缝宽调整：将外墙水平、竖向缝分别用水准仪、经纬仪将水平控制线（水平缝的上部 20 cm）及竖向控制线（每条竖向缝的一侧 20 cm）打出，并弹线。用角磨机将缝宽小于 2 cm 的缝隙切割至 2 cm，缝宽大于 2 cm 的，用角磨机将墙板边缘打磨平整并清理干净。

（2）A 级不燃岩棉填充。外墙水平、竖向缝内保温材料的接缝处，先塞入 A 级不燃保温材料岩棉，岩棉填充要求密实。

（3）发泡聚乙烯塑料棒填塞施工。填塞材料为发泡聚乙烯塑料棒，胶棒应通长，需要搭接处应呈45° 搭接，用胶粘接牢固。填塞聚乙烯塑料棒，要求聚乙烯塑料棒距外墙八字角内侧 1 cm，填塞材料安置完毕之后，用美纹纸胶带遮盖接缝边缘。缝宽大于 2 cm 的塞入比同等缝宽大于 1 cm 的发泡聚乙烯塑料棒。

（4）填塞材料放置完毕后，接缝四周边缘贴上美纹胶带（美纹胶带宽度为 2 cm）；根据填缝的宽度，45° 角切割胶嘴至合适的口径。将密封胶置入胶枪中，尽量将胶嘴探到接缝底部，保持合适的速度，连续打足够的密封胶，避免胶体和胶条下产生空腔；并确保密封胶与粘接面结合良好，保证设计好的宽深比；当接缝大于 30 mm 时，宜采用二次填缝。二次填缝，即第一次填充的密封胶完毕后，再进行第二次填充；为保证施工质量，竖缝打胶到板缝十字交叉处，打水平缝两边各 30 cm，再继续打竖向缝。

（5）密封胶施工完成后，用压舌棒或其他工具将接缝外多出的密封胶刮平压实，使密封胶与粘接面充分接触。修整胶面的过程可使密封胶与接缝边缘和聚氨酯塑料棒结合得紧密，并且能避免气泡和空腔的产生；禁止来回反复刮胶动作，保持刮胶工具干净；密封胶应与墙板牢固黏结，不得漏嵌和虚粘。

（6）施工时注胶缝应均匀，横、竖缝顺直、饱满、密实，十字接缝处理干净、利落，八字清晰，表面应光滑，不应有裂缝现象。待密封胶充分凝固后撕去保护胶带。

项目小结

本项目主要介绍了装配式建筑构件安装方法和注意事项。装配式建筑构件安装是其施工的一个重要环节。在安装过程中，需要按照设计和施工方案进行操作，确保每一个构件的正确定位和连接。另外，还需要注意对拟装配构件进行清洁、防腐等处理，以提高其使用寿命和可靠性。通过本项目的学习，读者应理解和掌握装配式建筑的施工技术，为今后的工作和学习做好铺垫。

项 目 工 单

一、任务名称

预制外墙密封防水施工实训。

二、任务描述

本任务具体描述见表 6-1。如因学校无实训场地和相关材料，可由教师带领进行模拟实训操作。

表 6-1　预制外墙密封防水施工实训任务书

任务名称	预制外墙密封防水施工实训

（一）实训任务

依据国家、行业相关规范、标准和图集，学生分组完成预制外墙密封防水施工及质量检验，具体任务如下。

1. 完成施工前准备工作。
2. 完成封缝打胶。
3. 完成封缝打胶施工各工序的质量检验。
4. 完成工完料清操作。

（二）物料清单（每组用量）

分类	序号	名称	规格型号	单位	数量	备注
劳保用品	1	安全帽		个	5	
	2	工作手套		双	5	
	3	安全马甲		套	5	
封缝打胶实操装置	4	封缝打胶实操设备	实操设备应包括结构钢架、外墙板、仿真吊篮、工具箱等，通过仿真外墙构造“十”字形墙体拼接缝，供打胶封缝训练，并且可电动控制墙体开合，用于封缝胶料清理重复训练。通过悬空仿真吊篮拟造高空施工环境，增加实操真实体验。 ① 结构钢架：支撑墙体与吊篮，配置装置电动装置，控制仿真墙体组合，安全可靠。 ② 外墙板：由 4 块外墙板组成，可通过结构钢架电动驱动，构造“+”字形墙体拼接缝。每块墙板尺寸≥ 700 mm × 700 mm（长 × 宽）。 ③ 仿真吊篮：钢制材料，由钢丝绳悬挂于结构钢架，可动力升降，荷载≥ 200 kg。 ④ 钢制，用于工具、材料存放	套	1	
	5	封缝打胶工具	磨光机、电动吹风机、铲刀、软毛刷、PE 棒、美纹纸、胶枪等	套	1	
防水材料	6	密封胶	使用年限应不小于 15 年	筒	若干	

（三）实训目的

1. 反复封缝打胶实操训练，提高训练效率、利用率，减少成本消耗。
2. 培养学生的岗前准备和工完料清的工作习惯。
3. 培养学生认知了解常用密封胶和封缝打胶工具。
4. 培养学生掌握封缝打胶实操技能。
5. 增加学生现场实操体验。
6. 培养学生团队交流协作能力。
7. 培养学生从事职业活动所需的工作方法和学习方法的能力。
8. 培养学生良好的职业道德操守和行为规范。

表 6-1（续）

任务名称	预制外墙密封防水施工实训
（四）实训要求 1. 穿实训服，戴安全帽。 2. 作业过程必须戴工作手套，使用电动机械由专人负责。 3. 验收工作实行“三检”制度：组内自检、组间互检、指导教师专检。 4. 验收后，各组负责后续的拆除、清理工作，指导教师检查确认后方可离场。	

三、分组讨论

以 3 ～ 5 人为一组，选出组长并进行任务分工，将小组成员及分工情况填入表 6-2 中。

表 6-2　小组成员及分工情况

班级：　　　　　　　　　　组号：　　　　　　　　　　指导教师：

小组成员	姓名	学号	任务分工
组长			
组员			

四、任务思考

1. 预制构件安装的相关规范有哪些？
2. 你能正确使用磨光机、胶枪等工具吗？

五、实施过程

按实际操作步骤，将实施内容、遇到的问题及解决办法等记录于表 6-3 中。

表 6-3　工作实施过程记录表

序号	实施内容	遇到的问题及解决办法	结果

六、任务评价

各组展示任务完成情况，并完成考核评价表（表 6-4）。

表 6-4　考核评价表

项目名称	评价内容	满分 / 分	评分 / 分		
			自评	互评	师评
职业素养考核项目	考勤、纪律意识	10			
	团队交流与合作意识	10			
	参与主动性	10			
专业能力考核项目	积极参与教学活动并正确理解任务要求	10			
	认真查找与任务相关的资料	10			
	对封缝打胶实操技能工作的了解程度	10			
	对任务参与的完整度	20			
	独立完成相应任务的程度	20			
合计		100			
总评	自评（20%）+ 互评（20%）+ 师评（60%）＝	综合等级	指导教师（签名）：		

课后练习

一、填空题

1. 构件安装就位后，可通过临时支撑对构件的位置和＿＿＿＿＿＿＿＿进行微调。

2. 装配式建筑构件吊装用吊具应根据预制构件形状、尺寸及质量等参数进行配置，吊索水平夹角不宜大于＿＿＿＿＿＿＿＿，且不应小于＿＿＿＿＿＿＿＿；对尺寸较大或形状复杂的预制构件，宜采用有分配梁或分配桁架的吊具。

3. 混凝土浇筑前应将预制梁两端键槽内的杂物清理干净，并提前＿＿＿＿＿＿＿＿小时浇水湿润。

4. 预制梁一般用＿＿＿＿＿＿＿＿点吊，预制楼梯一般采用＿＿＿＿＿＿＿＿点吊。

5. 预制构件与吊具的分离应在校准定位及＿＿＿＿＿＿＿＿后进行。

二、简答题

1. 简述预制柱安装的注意事项。

2. 简述叠合板吊装工艺流程。

3. 外挂墙板施工前准备工作有哪些？

项目七

装配式建筑节点连接施工

项目导读

装配式建筑的连接包括钢筋之间的连接和混凝土之间的连接。在装配式建筑结构中，节点及接缝处的钢筋连接宜采用机械连接、套筒灌浆连接及焊接连接，也可采用浆锚连接。剪力墙竖缝处，钢筋宜锚入现浇混凝土中；剪力墙水平接缝及框架柱接头，钢筋宜采用套筒灌浆连接或者浆锚连接。

混凝土之间的连接，大多数采用后浇带现浇混凝土连接，剪力墙的水平缝采用灌浆连接。混凝土之间的灌浆连接一般与浆锚连接和套筒灌浆连接同时进行，浆锚孔或套筒与混凝土接缝连通，在浆锚连接或套筒灌浆连接灌浆时，将混凝土之间的接缝灌满，完成灌浆连接。

本项目我们将学习装配式建筑节点连接施工的相关内容。

学习目标

知识目标

1. 掌握构件灌浆的施工工艺流程和要求。
2. 掌握后浇混凝土连接的工艺流程和要求。

能力目标

1. 能进行套筒灌浆连接施工作业。
2. 会后浇混凝土施工。

素质目标

1. 树立正确的技能观，努力提升自己的职业技能。
2. 具备主动学习，积极探索的意识。

思政目标

1. 继承中华民族勤俭节约、敬业奉献的优良传统。

2. 自觉践行劳动精神、劳模精神和工匠精神。

任务一 套筒灌浆连接

任务描述

套筒灌浆连接是预制构件中受力钢筋的主要连接形式，主要用于各种装配式混凝土结构的受力钢筋的连接。本任务我们将学习套筒灌浆连接。

任务分析

套筒灌浆连接的方式是将灌浆套筒预埋在混凝土构件内，在安装现场从预制构件表面通过注浆管将灌浆料注入套筒，完成预制构件钢筋的连接。

任务实施

一、认识套筒灌浆连接

套筒灌浆连接是带肋钢筋插入内腔为凹凸表面的灌浆套筒，通过向套筒与钢筋的间隙灌注专用高强水泥基灌浆料，灌浆料凝固后将钢筋锚固在套筒内而实现的一种钢筋连接技术。

钢筋套筒灌浆连接接头由钢筋、灌浆套筒、灌浆料三部分组成，其中灌浆套筒分为半灌浆套筒和全灌浆套筒，半灌浆套筒连接的接头一端为灌浆连接，另一端为机械连接；全灌浆套筒连接的接头两端均为灌浆连接。

二、套筒灌浆连接施工工艺流程

套筒灌浆连接施工工艺流程如图 7-1 所示。

三、套筒灌浆连接施工步骤

（一）作业准备

（1）灌浆作业前应制定灌浆操作的专项质量保证措施。灌浆施工的操作人员应经专业培训后上岗。

（2）套筒灌浆连接应采用由接头形式检验确定的相匹配的灌浆套筒、灌浆料。预制构件内已安装的灌浆套筒，其接头形式检验报告中的灌浆料为首选材料。灌浆料使用及灌浆连接应符合接头提供单位的技术要求。

（3）施工现场灌浆料宜存储在室内，并采取有效的防雨、防潮、防晒措施，避免灌浆料受潮失效。灌浆料使用时应检查产品包装上印制的有效期和产品的外观，无过期和异常后方可开袋使用。

（4）每工作班应检查灌浆料拌合物初始流动度不少于1次，确认合格后，方可用于灌浆；留置灌浆料强度检验试件的数量应符合验收及施工控制要求。

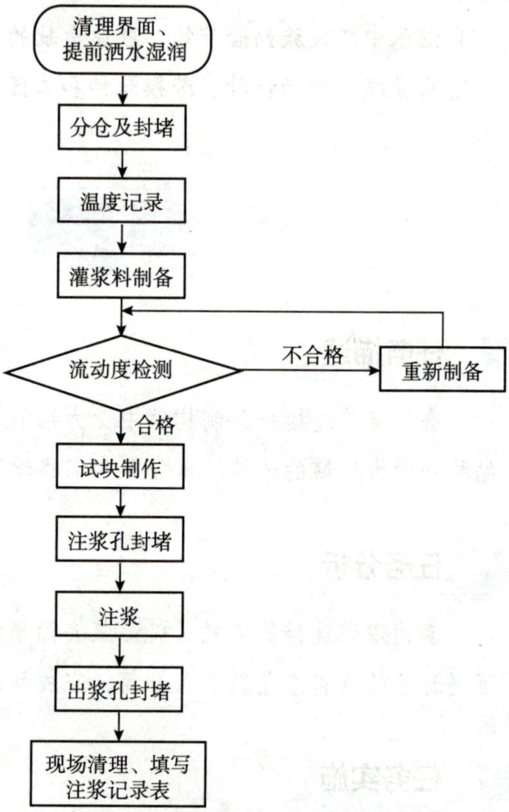

图 7-1 套筒灌浆连接施工工艺流程

（二）分仓及封堵

（1）预制构件安装校正固定稳妥后，使用风机清理预留板缝，并用水将封堵部位润湿，周边的缝隙用1∶2.5水泥砂浆填塞密实、抹平，砂浆内掺加水泥用量10%的107胶。当缝隙宽大于3 cm时，应用C20细石混凝土浇筑密实。塞缝作业时应注意避免堵塞注浆孔及灌浆连通腔。

（2）预制墙板封堵时采用分仓处理，将墙体按照60 cm长度进行分仓，分仓节点采用长度40 cm、直径25 mm的蛇皮软管进行分隔。墙体外侧封堵时为填抹密实并防止封堵过深堵住套筒里孔，里侧采用直径18 mm的蛇皮管做内衬，封堵完毕后及时将内衬抽出，抽出内衬时尽量不扰动抹好的封堵材料。

（三）拌制灌浆料

灌浆料的拌合用水应符合《混凝土用水标准》（JGJ 63—2006）的有关规定及产品说明书的要求；拌合水量应按灌浆料使用说明书要求确定，并按质量计量。灌浆料拌合应采用电动设备。拌制灌浆料，首先将全部拌合用水加入搅拌桶，然后加入约为70%的灌浆干粉料，搅拌至大致均匀（1～2 min），最后将剩余干料全部加入，再搅拌3～4 min至浆体均匀，静置2～3 min排气，使浆料气泡自然排出后使用，然后注入灌浆泵中进行灌浆作业。

（四）流动度检测

准备好玻璃板和截锥圆模，将玻璃表面和试模内表面湿润但不得有明水；把试模放置于玻璃中间；将灌浆料浆体倒入截锥圆模内，直至与截锥圆模上口平齐；慢慢提起截锥圆模，让浆体在无扰动的条件下自由流动直至停止；测量浆体最大扩散直径及与其垂直的直径，计算平均值，精确到 1 mm，作为流动度，应在 6 min 内完成上述搅拌和测量过程；流动度不小于 300 mm 为合格，如图 7-2 所示。

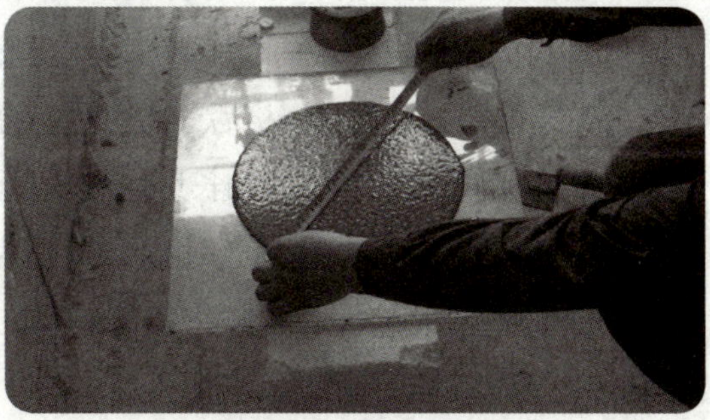

图 7-2　流动度测量

（五）注浆作业

砂浆封堵 45 min 后可开始进行灌浆作业，宜采用机械灌浆。同一分仓要求注浆连续进行，每次拌制的浆料需在 30 min 内用完。注浆封堵宜采用专用橡胶塞封堵。

竖向钢筋套筒灌浆连接，灌浆应采用压浆法从灌浆套筒下方灌浆孔注入，当灌浆料从构件其他灌浆孔、出浆孔流出后应及时封堵。

竖向钢筋套筒灌浆连接采用连通腔灌浆时，宜采用一点灌浆的方式。当一点灌浆遇到问题而需要改变灌浆点时，各套筒已封堵灌浆孔、出浆孔应重新打开，待灌浆料拌合物再次流出后进行封堵。

水平钢筋套筒灌浆连接，灌浆作业应采用压浆法从灌浆套筒灌浆孔注入，当灌浆套筒灌浆孔、出浆孔的连接管或连接头处的灌浆料拌合物均应高于套筒外表面最高点时应停止灌浆，及时封堵。

（六）试块制作

灌浆料需要在现场制作试块，每个施工段最少留置一组灌浆试块，每个楼层最少三组。用三联强度模做标准养护试块，抗压强度试件采用尺寸为 40 mm × 40 mm × 160 mm 的棱柱体，灌浆料在试模内成型后在室内静置 2 h，然后移入养护箱内标准养护 28 d 后进行抗压强度试验。

（七）养护

节点灌浆后，灌浆料同条件养护试块强度达到 35 MPa 后方可进入后续工序施工，避免对构件扰动。通常，环境温度在 15℃以上时，24 h 内构件不得受扰动；环境温度在 5～15℃，48 h 内构件不得受扰动；环境温度在 5℃以下，视情况而定，如对构件接头部位采取加热保稳措施，要保持加热 5℃以上至少 48 h，其间构件不得受扰动。拆支撑要根据设计荷载情况确定。

四、套筒灌浆施工注意事项

（1）钢筋套筒灌浆前，应有钢筋套筒型式检验报告及工艺检验报告，应在施工现场模拟构件连接接头的灌浆方式，每种规格钢筋应制作不少于 3 个套筒灌浆连接接头，进行灌注质量以及接头抗拉强度的检验及工艺检验；当工艺检验及检验报告有较大差异时，应再次进行工艺检验，经检验合格后，方可进行灌浆作业。

（2）预留连接钢筋位置和长度应满足设计要求。

（3）每块预制墙板套筒连接灌浆时，为保证灌浆饱满及灌浆操作的可行性，应合理划分连通灌浆区域；每个区域除预留灌浆孔、出浆孔与排气孔，应形成密闭空腔，不应漏浆。

灌浆施工时，环境温度应符合灌浆料产品使用说明书要求。灌浆施工时环境温度应高于 5℃，必要时应对连接处采取保温加热措施，保证浆料在 48 h 凝结硬化过程中连接部位温度不低于 10℃，低于 0℃时不得施工，当环境温度高于 30℃时，应采取降低灌浆料拌合物温度的措施。

（4）对首次施工，宜选择有代表性的单元或部位进行试制作、试安装、试灌浆。

（5）灌浆操作全过程应有专职检验人员负责现场监督并及时形成施工检查记录，并做好灌浆作业全过程影像记录，保证全过程可追溯。

（6）预制构件就位前，先检查下列内容。

① 套筒、预留孔的规格、位置、数量和深度。

② 被连接钢筋的规格、数量、位置和数量；当套筒、预留孔内有杂物时，应清理干净；当连接钢筋倾斜时，应进行校直。连接钢筋偏离套筒或孔洞中心线不宜超过 2 mm。

③ 钢筋套筒灌浆连接接头应按检验批划分要求及时灌浆。

（7）灌浆料搅拌完成后，任何情况下不得再次加水，散落的拌合物不得二次使用，剩余的拌合物不得再次添加灌浆料、水后混合使用。

（8）灌浆施工应采用一点灌浆的方式进行；当一点灌浆遇到问题而需要改变灌浆点时，各灌浆套筒已封堵灌浆孔、出浆孔的，应重新打开，待灌浆料拌合物再次流出后进行封堵。

（9）当灌浆施工出现无法出浆的情况时，对于未密实饱满的竖向连接灌浆套筒，当在灌浆料加水拌和 30 min 内时，应首选在灌浆孔补灌；当灌浆料拌合物已无法流动时，可以在出浆孔补灌，应采用手动设备结合细管压力灌浆。补灌应在灌浆料拌合物达到设计规定的位置后停止，并应在灌浆料凝固后再次检查其位置符合设计要求。灌浆料同条件养护试件抗压强度达到 35 MPa 后，方可进行对接头有扰动的后续施工；临时固定措施的拆除应在灌浆料抗压强度能确保结构达到后续施工承载要求后进行。

拓展阅读

浆锚连接

浆锚连接是钢筋之间的连接，包括金属波纹管浆锚连接和螺旋钢筋浆锚连接，两种浆锚灌浆连接施工方法相同，都是在预制构件时预留孔洞，施工时将预留钢筋插入预留孔洞中，通过向预留的灌浆孔灌浆直至灌满，经过养护达到设计强度。

浆锚连接施工步骤包括清理界面、分仓及封堵、灌浆料的制备、注浆孔封堵、注浆、出浆孔封堵、养护等。具体操作过程与套筒灌浆施工方法相同。

任务二 后浇混凝土连接

任务描述

在装配式建筑工程中，连接方式的选择对于保证结构安全、提高施工效率具有至关重要的作用。其中，后浇混凝土是一种常见的施工方式。本任务我们将学习后浇混凝土连接。

任务分析

后浇混凝土中钢筋、模板、混凝土除了要满足本任务中的规定外，尚应符合国家现行标准《混凝土结构工程施工规范》（GB 50666—2011）、《预应力混凝土结构设计规范》（JGJ 369—2016）、《钢筋套筒灌浆连接应用技术规程》（JGJ 355—2015）等的有关规定。当采用自密实混凝土时，尚应符合现行行业标准《自密实混凝土应用技术规程》（JGJ/T 283—2012）的有关规定。

任务实施

一、认识后浇混凝土连接

扫一扫

认识后浇混凝土连接

后浇混凝土是指在已经浇筑好的结构构件之间，预留一定的空间或孔洞，待结构构件达到一定的强度后，再进行浇筑填充的一种施工方法。通过这种方式，可以实现结构构件之间的连接，提高整体结构的稳定性和承载能力。

后浇混凝土包括竖向后浇带、水平后浇带、叠合板、叠合梁后浇混凝土。

二、后浇混凝土连接工艺流程

后浇混凝土连接施工工艺流程如图 7-3 所示，如果是叠合板接缝，则是先支模板然后安装钢筋。

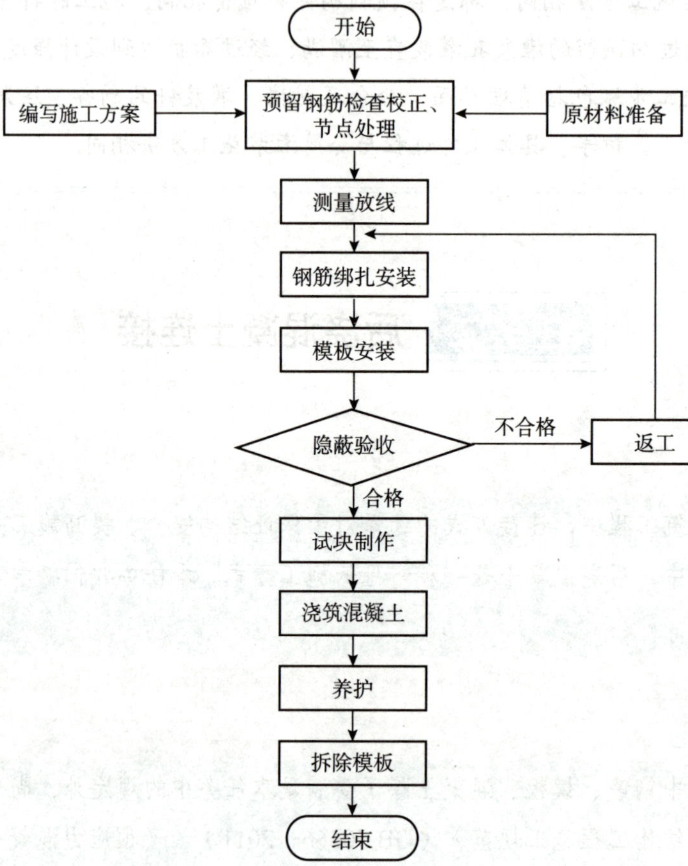

图 7-3　后浇混凝土连接施工工艺流程

三、后浇混凝土施工准备工作

（一）技术准备

后浇混凝土施工前应先对图纸进行技术交底，再编制施工方案，模板工程应编制专项施工方案。

（二）材料准备

后浇混凝土施工的主要材料有钢筋、模板、混凝土。

（1）后浇带钢筋宜采用专业化生产的成型钢筋，同一厂家、同一类型且同一钢筋来源的成型钢筋，不超过 30 t 为一批，每批中每种钢筋牌号、规格均应至少抽取 1 个钢筋试件，总数不应少于 3 个，进行屈服强度、抗拉强度、伸长率、外观质量、尺寸偏差和质量偏差检验，检验结果应符合国家现行有关标准的规定。对于进场的钢筋原材料应进行进场检验，质量满足国家规范要求方可用于施工。

（2）模板应选用轻质、高强、耐用定型模板。模板及支架应根据施工过程中的各种工况进行设计，应具有足够的承载力和刚度，并应保证其整体稳定性。

（3）后浇混凝土宜采用预拌混凝土，混凝土拌合物工作性能应符合设计和现行相关标准规定，应进行现场验收。

（三）现场准备

（1）测量放线。根据后浇带设计位置，画出后浇带的水平位置、标高。

（2）结合面的处理。预制构件结合面疏松部分的混凝土应剔除，与现浇混凝土连接的结合面的混凝土应进行凿毛处理并清理干净。

（3）预留钢筋的处理。后浇带后预留的钢筋在施工之前应检查钢筋位置、数量、规格、长度、垂直度等，对偏差超过允许范围的钢筋进行纠偏处理，对生锈的钢筋采用钢丝刷或钢丝轮进行除锈并清理干净。

四、钢筋工程

（一）钢筋连接

（1）钢筋连接可选用搭接连接、焊接连接或机械连接。钢筋连接接头设置应符合现行标准规定。

（2）叠合板吊装前，宜采取有效措施避免剪力墙连梁上部钢筋影响叠合板安装。

（3）叠合板上部钢筋绑扎前，应检查桁架钢筋的位置，并设置支撑马凳。

（4）叠合板上预制墙板斜支撑的预埋件安装、定位应准确，预埋件的连接部位应做好防污染措施。

（5）剪力墙构件连接节点区域的钢筋安装应制定合理的工艺顺序，保证水平钢筋安装位置准确；连接节点加密区宜采用封闭箍筋。对于带保温层的构件，箍筋不得采用焊接连接。

（6）当预制构件锚筋与后浇混凝土钢筋有冲突时，应由设计单位采取相应措施进行处理，不得随意切割、弯折钢筋。

（7）位于后浇混凝土内的钢筋套筒灌浆连接、钢筋浆锚连接接头的预留钢筋位置应准确，外露长度符合设计要求且不得弯曲；应采取可靠的保护措施，防止钢筋污染、偏移、弯曲。

（8）预应力预制构件，其预应力钢筋施工需符合现行国家、行业等相关规范规定。

（9）若构件内置防雷、接地等连接端子，需按设计进行可靠连接。

（二）钢筋定位

（1）位于后浇混凝土内的连接钢筋应埋设准确，锚固方式应符合设计要求。

（2）构件交接处的钢筋位置应符合设计要求，当设计无具体要求时，应保证主要受力构件和构件中主要受力方向的钢筋位置，并符合下列规定：

① 框架节点处梁纵向受力钢筋宜置于柱纵向钢筋内侧；

② 当主次梁底部标高相同时，次梁下部钢筋应放在主梁下部钢筋之上；

③ 剪力墙中水平分布钢筋宜放在外侧，并宜在墙端弯折锚固。

（3）后浇混凝土内钢筋连接接头的预留钢筋定位精度要求如下：

① 位于后浇混凝土内的连接接头的预留钢筋应采用专用定位模具对其中心位置进行控制，应采用可靠的固定措施对连接钢筋的外露长度进行控制；

② 定位钢筋中心位置存在细微偏差时，可采用套管方式进行细微调整；

③ 定位钢筋中心位置存在严重偏差影响到预制构件安装时，应会同设计单位制定专项处理方案，严禁切割、强行调整定位钢筋。

（4）预留于预制构件内的连接钢筋的外露部分钢筋应防止弯曲变形，并在预制构件吊装完成后，对其位置进行校核与调整。

（5）应采用可靠的保护措施，防止混凝土浇筑时污染定位钢筋，防止定位钢筋整体偏移。

（6）预制梁柱节点区的钢筋安装时，应符合以下规定：

① 叠合梁采用封闭箍筋时，梁上部纵向钢筋应在构件厂预穿入箍筋内，随预制梁一同安装就位；

② 叠合梁采用封闭箍筋的预制梁柱节点，节点区柱箍筋应在构件厂预先安装于预制梁钢筋上，随预制梁一同安装就位；

③ 叠合梁采用开口箍筋时，梁上部纵向钢筋应采用现场安装方式。

（7）叠合板上部钢筋可采用成品钢筋网片的整体安装方式。

（8）采用预应力筋连接的构件，其周边结构不应影响其锚固、张拉、灌浆等作业。

五、模板工程

（一）一般规定

（1）模板与支撑体系应保证工程结构和构件的各部分形状尺寸、相对位置的准确，且便于钢筋的安装和混凝土浇筑、养护。

（2）预制构件应预留与模板连接用的孔洞、螺栓，预留位置与模板模数相符并便于模板安装。

（3）预制构件接缝处模板宜选用工具式模板，并与预制构件可靠连接，模板安装应牢固，模板拼缝应严密、平整、不漏浆。

（4）模板与混凝土的接触面应涂隔离剂脱模，宜选用水性脱模剂，严禁隔离剂污染钢筋与混凝土接槎处。脱模剂不影响脱模后混凝土的表面观感及饰面施工。

（5）在混凝土浇筑前，模板以及叠合类构件内的杂物应清理干净，模板安装和混凝土浇筑时，应确保模板及其支撑体系的质量及安全性能符合要求。

（6）对于清水混凝土工程及装饰混凝土工程，应使用能达到设计效果的模板，且应与预制部分外观效果一致。

（二）模板与支撑安装

（1）预制叠合板类构件模板安装与支架应符合下列规定：

① 预制叠合板支架形式应与预制构件匹配，且符合施工方案要求；

② 预制叠合板下部支架宜选用定型独立钢支撑，竖向支架间距应根据设计及施工荷载验算确定；

③ 在水平支架上安装预制叠合板时，应顺序铺设，避免集中堆载、机械振动影响支撑体系；

④ 安装预制叠合板的现浇混凝土剪力墙结构，宜采取措施控制叠合板底标高，浇筑混凝土前应按设计标高进行调整后固定定位。

（2）预制叠合梁模板安装与支架应符合下列要求：

① 预制叠合梁下部的竖向支架可采取点式支架，支架间距应根据设计及荷载验算确定；叠合梁与现浇部位的交接处，应增设竖向支架杆件；

② 预制叠合梁竖向支架宜选用定型独立钢支柱。

（3）预制墙板模板安装应符合下列规定：

① 预制墙板拼接水平节点采用定型模板时，宜采用螺栓连接或预留孔洞拉结的方式与预制构件连接可靠，模板与预制构件间、构件与构件之间应粘贴密缝胶条；

② 定型模板应避开预制墙板下部灌浆所需预留孔洞；

③ 预制墙板竖向后浇节点也可采用预制混凝土外墙模板，预制混凝土外墙模板应与内侧模板或相邻构件连接牢固；

④ 相邻预制混凝土模板之间拼缝宽度宜设置为 20 mm，并采取可靠的密缝防漏浆措施；

⑤ 预制构件临时固定措施的安装质量应符合施工方案的要求。

（4）后浇混凝土模板安装的偏差应符合表 7-1 的规定。

表 7-1　后浇混凝土模板安装允许偏差

项目		允许偏差 /mm	检验方法
轴线位置		5	尺量检查
底模上表面标高		± 5	水准仪或拉线、尺量检查
截面内部尺寸	柱、梁	+4，–5	尺量检查
	墙	+4，–3	尺量检查
层高垂直度	不大于 5 m	6	经纬仪或吊线、尺量检查
	大于 5 m	8	经纬仪或吊线、尺量检查
相邻两板表面高低差		2	尺量检查
表面平整度		5	2 m 靠尺和塞尺检查

（三）模板与支撑拆除

（1）模板拆除时，宜先拆除非承重模板，后拆承重模板，并应从上而下进行拆除。

（2）模板拆除时，其混凝土强度应满足规范和设计相关要求。

（3）模板拆除时，不应对楼层形成冲击荷载。拆除的模板和支架宜分散堆放并及时清运。

（4）多个楼层间连续支模的底层支架拆除时间，应根据连续支模的楼层间荷载分配和混凝土强度的增长情况确定。

（5）快拆支架体系的支架立杆间距不应大于 2 m。拆模时应保留立杆并顶托支承楼板，拆模时的混凝土强度应满足现行规范的相关规定。

（6）预制墙板斜支撑宜在现浇墙体混凝土模板拆除前拆除。

六、混凝土工程

后浇混凝土包括叠合层（叠合梁和叠合板）混凝土和节点后浇混凝土，其原材料以及运输、浇筑，除了需要满足《混凝土结构工程施工规范》（GB 50666—2011）的要求外，还需要满足以下要求。

（一）叠合层混凝土

（1）叠合层混凝土浇筑施工前应进行钢筋工程隐蔽验收，浇筑前应清除叠合面上的杂物、浮浆及松散骨料，表面干燥时应洒水湿润，洒水后表面不得有积水。

（2）叠合层混凝土浇筑时宜采取由中间向两边的浇筑方式。

（3）叠合层与现浇构件交接处混凝土应加密振捣点，并适当延长振捣时间。

（4）叠合层混凝土浇筑时，不应移动预埋件的位置，且不得污染预埋件连接部位。

（5）叠合层混凝土同条件养护试件抗压强度符合《混凝土结构工程施工规范》（GB 50666—2011）的相关要求后，方可拆除下一层支撑。

（6）叠合层混凝土浇筑完成后可采取洒水、覆膜、喷涂养护剂等养护方式，养护时间不宜少于 14 d。

（7）叠合构件现浇混凝土分段施工应符合设计及施工方案要求。

（二）节点后浇混凝土

（1）预制构件现浇节点混凝土施工应符合下列规定：

① 连接节点、水平拼缝应连续浇筑，边缘构件、竖向拼缝应逐层浇筑，并采取保证混凝土或砂浆浇筑密实的措施；

② 预制构件接缝处混凝土浇筑时，连接节点处混凝土应加密振捣点，并适当延长振捣时间；

③ 混凝土或砂浆的强度达到设计要求后，方可承受全部设计荷载。

（2）预制楼梯与现浇梁板采用预埋件焊接连接时，应先施工梁板，后放置、焊接楼梯；采用锚固钢筋连接时，应先放置楼梯，后施工梁板。

（3）预制梁、柱混凝土强度等级不同时，预制梁柱节点区混凝土应按强度等级高的混凝土浇筑。

（4）混凝土浇筑应布料均衡。浇筑和振捣时，应对模板及支架进行观察和维护，发生异常情况应及时处理。构件接缝混凝土浇筑和振捣应采取措施防止模板、相连接构件、钢筋、预埋件及其定位件移位。

（5）预制构件接缝混凝土浇筑完成后可采取洒水、覆膜、喷涂养护剂等养护方式，养护时间不宜少于 14 d。

项目小结

本项目主要讲述了装配式建筑节点连接施工，并对套筒灌浆连接和后浇混凝土连接的施工步骤、技术要点、质量控制措施等方面进行了详细介绍。在实际施工过程中，要根据具体情况选择合适的连接方式，并严格按照相关规范和标准进行施工，确保工程质量和安全。

项目工单

一、任务名称

预制剪力墙套筒灌浆连接实训。

二、任务描述

本任务具体描述见表 7-2。如因学校无实训场地和相关材料，可由教师带领进行模拟实训操作。

表 7-2 预制剪力墙套筒灌浆施工实训任务书

任务名称	预制剪力墙套筒灌浆施工实训

（一）实训任务

依据国家、行业相关规范、标准和图集，学生分组完成预制剪力墙套筒灌浆施工及质量检验，具体任务如下：

1. 完成灌浆前的准备工作；
2. 完成构件吊装；
3. 完成封缝料制作与封缝；
4. 完成灌浆施工；
5. 完成套筒灌浆施工各工序的质量检验；
6. 完成工完料清操作。

（二）物料清单（每组用量）

分类	序号	名称	规格型号	单位	数量	备注
劳保用品	1	安全帽		个	5	
	2	工作手套		双	5	
	3	安全马甲		套	5	
预制构件	4	预制剪力墙半套筒灌浆节点构件	上部剪力墙尺寸：1 000 mm × 200 mm × 100 mm，下部底座尺寸：1 000 mm × 600 mm × 150 mm	套	1	
材料	5	套筒专用灌浆料	高强灌浆料	kg	若干	
	6	封缝用坐浆料	坐浆料	kg	若干	
	7	水			若干	
	8	垫块			若干	
	9	粉笔		支	1	
设备机具	10	吊装设备	吊具、行车、吊链	套	1	
	11	检查工具	气泵或打气筒	个	1	
	12	测量工具	水准仪、水准尺、墨斗、棒式温度计（测量范围：0～50℃）钢卷尺	套	1	
	13	定位工具	撬棍、钢筋定位模板、镜子	套	1	

表 7-2（续）

任务名称	预制剪力墙套筒灌浆施工实训

续表

分类	序号	名称	规格型号	单位	数量	备注
设备机具	14	制浆工具	手提变速搅拌器（功率：1 200 ～ 1 400 W；转速：0 ～ 800 r/min 可调；电压：单相 220 V/50 h；搅拌头：片状或圆形花篮式）、刻度量杯（3 L）、水桶、塑料勺、不锈钢平底桶（容量 30 L，直径：300 m，高度：40 m）、不锈钢小盆、电子秤 1（尺寸：400 mm × 500 mm；称量：100 kg）、电子秤 2（称量：10 kg）	套	1	
	15	分仓分缝工具	小铲子、小抹子（宽度 2 cm）、内衬（1 mPVC）、托板	套	2	
	16	灌浆工具	手动灌浆枪、电动灌浆泵、专用堵头（灌浆嘴堵头与灌浆套筒匹配）	套	1	
	17	试验工具	圆截锥试模（70 mm × 100 mm × 60 mm）铁棒、玻璃板（500 mm × 500 mm）	套	1	
	18	工作面处理工具	锤子、钢丝刷、钢錾子、钢管	套	1	
	19	清理工具	喷壶、抹布、扫帚、高压水枪（功率：96 W；流量：10 L/min；水管内径：8 mm × 10 mm）	套	1	

（三）实训目的

1. 反复灌浆实操训练，提高训练效率、利用率，减少成本消耗。
2. 培养学生的岗前准备和工完料清的工作习惯。
3. 培养学生掌握构件灌浆岗位实操技能。
4. 培养学生掌握预制剪力墙构件吊运与安装岗位实操技能。
5. 增加学生现场实操体验。
6. 培养学生了解灌浆连接结构和灌浆原理。
7. 培养学生团队交流协作能力。
8. 培养学生从事职业活动所需的工作方法和学习方法的能力。
9. 培养学生良好的职业道德操守和行为规范。

（四）实训要求

1. 穿实训服，戴安全帽。
2. 作业过程必须戴工作手套，使用电动机械由专人负责。
3. 实训前学生自行分组，每组人数约 5 人，并选出组长，分配好每个人的工作任务。
4. 验收工作实行“三检”制度：组内自检、组间互检、指导专检。
5. 验收后，各组负责后续的拆除、清理工作，指导检查确认后方可离场。

三、分组讨论

以 3 ～ 5 人为一组，选出组长并进行任务分工，将小组成员及分工情况填入表 7-3 中。

表 7-3　小组成员及分工情况

班级：　　　　　　　　组号：　　　　　　　　指导教师：

小组成员	姓名	学号	任务分工
组长			
组员			

四、任务思考

1. 为什么要进行流动度检测？

2. 套筒灌浆施工时，对温度有何要求？为什么要求温度？

五、实施过程

按实际操作步骤，将实施内容、遇到的问题及解决办法等记录于表 7-4 中。

表 7-4　工作实施过程记录表

序号	实施内容	遇到的问题及解决办法	结果

六、任务评价

各组展示任务完成情况，并完成考核评价表（表 7-5）。

表 7-5　考核评价表

项目名称	评价内容	满分 / 分	评分 / 分		
			自评	互评	师评
职业素养考核项目	考勤、纪律意识	10			
	团队交流与合作意识	10			
	参与主动性	10			

表 7-5（续）

<table>
<tr><td rowspan="2">项目名称</td><td rowspan="2">评价内容</td><td rowspan="2">满分 / 分</td><td colspan="3">评分 / 分</td></tr>
<tr><td>自评</td><td>互评</td><td>师评</td></tr>
<tr><td rowspan="5">专业能力考核项目</td><td>积极参与教学活动并正确理解任务要求</td><td>10</td><td></td><td></td><td></td></tr>
<tr><td>认真查找与任务相关的资料</td><td>10</td><td></td><td></td><td></td></tr>
<tr><td>对套筒灌浆施工技能的掌握程度</td><td>10</td><td></td><td></td><td></td></tr>
<tr><td>对任务参与的完整度</td><td>20</td><td></td><td></td><td></td></tr>
<tr><td>独立完成相应任务的程度</td><td>20</td><td></td><td></td><td></td></tr>
<tr><td colspan="2">合计</td><td>100</td><td></td><td></td><td></td></tr>
<tr><td>总评</td><td>自评（20%）+ 互评（20%）+ 师评（60%）＝</td><td>综合等级</td><td colspan="3">指导教师（签名）：</td></tr>
</table>

课后练习

一、填空题

1. 半灌浆套筒连接的接头一端为____________连接，另一端为____________连接。

2. 拌制灌浆料，首先将全部拌合用水加入搅拌桶，然后加入约为____________的灌浆干粉料，搅拌至大致均匀，最后将剩余干料全部加入，再搅拌至浆体均匀，静置 2～3 min 排气。

3. 套筒灌浆料抗压强度试件尺寸为________mm × ________mm × ________mm 的棱柱体。

4. 套筒灌浆施工时环境温度应高于____________，必要时应对连接处采取保温加热措施。

5. 后浇混凝土施工的模板及支架应具有足够的____________和____________，并应保证其整体稳定性。

二、简答题

1. 简述套筒灌浆连接施工步骤。

2. 套筒灌浆如何进行养护？

3. 预制构件现浇节点混凝土施工应符合哪些规定？

项目八

装配式建筑施工安全管理

项目导读

随着我国城市化进程的不断加快，在房地产行业不断发展的同时，人们对建筑施工提出了更高的要求。装配式混凝土结构建筑凭借着易控制、节能、施工周期短等特点，具备高度的竞争优势。但是，装配式混凝土结构建筑在施工过程中存在多种问题，包括管理不完善，施工现场控制力度不够，工序之间存在重复工作等，这严重影响了施工过程的进度和安全性，不利于我国装配式混凝土结构建筑的发展。因此，需要进行体系化的管理，确保建筑的安全和质量。本项目我们将学习装配式建筑施工安全管理。

学习目标

知识目标

1. 了解建筑安全生产事故分类。
2. 了解常见安全事故的原因。
3. 熟悉施工安全管理的主要内容。

能力目标

1. 能发现施工工地存在的安全问题。
2. 会制作排查施工安全隐患方案。

素质目标

1. “安全”是重中之重，一定要坚持“预防为主，安全第一”的方针
2. 具备安全意识、规范意识。

思政目标

1. 培养社会责任感、服务意识和担当奉献精神。
2. 自觉培育和践行社会主义核心价值观。

任务一 常见安全事故类型及原因

任务描述

安全施工是建筑项目的基础，是项目具备经济效益和社会效益的重要保证，保障施工人员的人身安全是施工安全管理中的重要组成部分。本任务我们将认识常见安全事故类型及原因。

任务分析

装配式建筑施工中虽然工序较传统现浇式建筑有所减少，但是各工序对施工人员的技术要求均有所上升，每项工序、每种操作设备都会因环境、进度等的变化而不同，从而容易出现各环节的安全事故。

任务实施

一、建筑安全生产事故分类

（一）按事故的原因及性质分类

从建筑活动的特点及事故的原因和性质来看，建筑安全事故可分为四类，即生产事故、质量问题、技术事故和环境事故。

1. 生产事故

生产事故主要是指在建筑产品的生产、维修、拆除过程中，操作人员违反有关施工操作规程等而直接导致的安全事故。这种事故一般出现在施工作业过程中，事故发生的次数比较频繁，是建筑安全事故的主要类型之一。目前，我国对建筑安全生产的管理主要是针对避免发生生产事故。

2. 质量问题

质量问题主要是指由于设计不符合规范或施工达不到要求等原因而导致建筑结构实体或使用功能存在瑕疵，进而引起安全事故的发生。在设计不符合规范标准方面，主要是一些没有相应资质的单位或个人私自出图和设计本身存在安全隐患。在施工达不到设计要求方面，一是施工过程违反有关操作规程留下的隐患；二是由有关施工主体偷工减料的行为而导致的安全隐患。质量问题可能发生在施工作业过程中，也可能发生在建筑实体的使用过程中。特别是在建筑实体的使用过程中，质量问题带来的危害是极其严重的，如果在外加灾害（如地震、火灾）发生的情况下，其危害后果是不堪设想的。质量问题也是建筑安全事故的主要类型之一。

3. 技术事故

技术事故主要是指由工程技术原因而导致的安全事故，技术事故的结果通常是毁灭性的。技术是安全的保证，曾被确信无疑的技术可能会在突然之间出现问题，起初微不足道的瑕疵可能导致灾难性的后果，很多时候正是由于一些不经意的技术失误导致严重的事故。在工程技术领域，人类历史上曾发生过多次技术灾难，包括人类和平利用核能过程中的俄罗斯切尔诺贝利核事故、美国宇航史上最严重的一次事故——“挑战者”号爆炸事故等。技术事故可能发生在施工生产阶段，也可能发生在使用阶段。

4. 环境事故

环境事故主要是指建筑实体在施工或使用过程中，由使用环境或周边环境导致的安全事故。使用环境原因主要是对建筑实体的使用不当，比如荷载超标、静荷载设计而动荷载使用以及使用高污染建筑材料或放射性材料等。对使用高污染建筑材料或放射性材料的建筑物，一是给施工人员造成职业病危害，二是对使用者的身体带来伤害。周边环境原因主要是一些自然灾害方面的，如山体滑坡等。在一些地质灾害频发的地区，应特别注意环境事故的发生。环境事故的发生，往往归咎于自然灾害，其实是缺乏对环境事故的预判和防治能力。

（二）按事故类别分类

按事故类别分，建筑业相关职业伤害事故可分为 12 类，即机械伤害、触电、坍塌、物体打击、高处坠落、中毒和窒息、其他伤害、车辆伤害、爆炸、灼烫、起重伤害、火灾。

（三）按事故严重程度分类

按国务院 2007 年 4 月 9 日发布的《生产安全事故报告和调查处理条例》（国务院令第 493 号），根据生产安全事故（以下简称“事故”）造成的人员伤亡或者直接经济损失，把事故分为以下几个等级：

（1）特大事故，是指造成 30 人以上死亡，或者 100 人以上重伤（包括急性工业中毒，下同），或者 1 亿元以上直接经济损失的事故；

（2）重大事故，是指造成 10 人以上 30 人以下死亡，或者 50 人以上 100 人以下重伤，或者 5 000 万元以上 1 亿元以下直接经济损失的事故；

（3）较大事故，是指造成 3 人以上 10 人以下死亡，或者 10 人以上 50 人以下重伤，或者 1 000 万元以上 5 000 万元以下直接经济损失的事故；

（4）一般事故，是指造成 3 人以下死亡，或者 10 人以下重伤，或者 1 000 万以下直接经济损失的事故。

注：条例中所称的“以上”包括本数，所称的“以下”不包括本数。

根据对全国伤亡事故的调查统计分析，建筑业伤亡事故率仅次于矿山行业。其中，高处坠落、物体打击、机械伤害、触电、坍塌事故，是建筑业最常发生的 5 种事故，近年来，已占事故总数的 80% ～ 90% 以上，应重点加以防范。

二、常见安全事故原因分析

（一）人为因素

扫一扫

常见安全事故原因分析

人为因素可分为个人的不安全因素和人的不安全行为两大类。

1. 个人的不安全因素

（1）心理上的不安全因素，是指人在心理上具有影响安全的性格、气质和情绪，如懒散、粗心等。

（2）生理上的不安全因素，包括视觉、听觉等感觉器官，体能、年龄及疾病等不适合工作或作业岗位要求的影响因素。

（3）能力上的不安全因素，包括知识技能、应变能力、资格等不能适应工作和作业岗位要求的影响因素。

2. 人的不安全行为

（1）操作失误，忽视安全、忽视警告。

（2）造成安全装置失效。

（3）使用不安全设备。

（4）手代替工具操作。

（5）物体存放不当。

（6）冒险进入危险场所。

（7）攀坐不安全位置。

（8）在起吊物下作业、停留。

（9）在机器运转时进行检查、维修、保养等工作。

（10）有分散注意力行为。

（11）没有正确使用个人防护用品、用具。

（12）不安全装束。

（13）对易燃易爆等危险物品处理错误。

（二）设备因素

（1）设备使用年限已到或者未按规定进行维护保养，导致设备故障，引发事故。

（2）设备在设计阶段存在缺陷，使用过程中容易发生事故。

（3）操作人员未按照设备的操作规程进行操作，导致设备故障，引发事故。

（4）设备由于技术原因发生故障，导致事故发生。

（5）个人防护用品缺少或有缺陷。

（三）环境因素

（1）自然环境。在施工过程中，常会遇到一些不利于施工的天气，如大风、大雨、雷电等，需要有相应的应急预案。

（2）施工现场环境。如现场布局不合理或者各类材料、机械等的乱堆放、对危险源的防护不到位等都是造成各类事故的安全隐患。

（3）安全氛围环境。不良的施工安全氛围会导致工地安全事故频发、工人安全意识淡薄。

在整个施工过程中形成一个良好的安全氛围是十分必要的。通过各种宣传工作，把重视安全作为企业文化来推广。

（四）管理因素

主要包括对物的管理失误，包括技术、设计、结构上有缺陷，作业现场环境有缺陷，防护用品有缺陷等。

对人的管理失误，包括教育、培训、指示和对作业人员的安排等方面的缺陷。

管理工作的失误，包括对作业程序、操作规程、工艺过程的管理失误以及对采购、安全监控、事故防范措施的管理失误。

拓展阅读

危险源辨识

危险源辨识是安全事故防范的基础工作，主要目的就是从组织的活动中识别出可能造成人员伤害或疾病、财产损失、环境破坏的危险或危害因素，并判定其可能导致的事故类别和导致事故发生的直接原因的过程。

1. 危险源的类型

为做好危险源的辨识工作，可以把危险源按工作活动的专业进行分类，如机械类、电器类、辐射类、物质类、高坠类、火灾类和爆炸类等。

2. 施工现场常见危险源

（1）在平地上滑倒（跌倒）；

（2）人员从高处坠落（包括从地坪处坠入深坑）；

（3）工具、材料等从高处坠落；

（4）头顶以上空间不足；

（5）用手举起搬运工具、材料等有关的危险源；

（6）与装配、试车、操作、维护、改造、修理和拆除等有关的装置、机械的危险源；

（7）车辆危险源，包括场地运输和公路运输；

（8）火灾和爆炸；

（9）邻近高压线路和起重设备伸出界外；

（10）可伤害眼睛的物质或试剂；

（11）不适的热环境（如过热等）；

（12）照度不足；

（13）易滑、不平坦的场地（地面）；

（14）不合适的楼梯护栏和扶手。

任务二 施工安全管理的主要内容

任务描述

装配式混凝土结构建筑施工安全管理既可保障施工人员的安全和健康，又可提高施工管理水平，实现安全生产管理工作的标准化。本任务我们将学习施工安全管理的主要内容。

任务分析

装配式混凝土结构建筑施工安全管理，是指遵守国家、部门和地方的相关法律法规以及相关规范、规程中有关安全生产的具体要求，对施工安全生产进行科学的管理，预防生产安全事故的发生。

任务实施

一、施工安全责任制

建筑施工安全是建筑施工的基础，由于装配式混凝土结构建筑的施工方法不同于传统建筑的施工方法，所以装配式混凝土结构建筑施工的安全管理侧重点也略有不同。从以往的工程实践来看，安全问题主要存在于施工前期准备、施工装运、吊装就位、拼缝修补等阶段，同时周边环境对装配式混凝土结构建筑施工安全的影响亦大于常规建筑。

（一）制定施工现场安全管理规定

施工现场安全管理规定是施工现场安全管理制度的基础，目的是规范施工现场安全管理工作，使防护设施标准化、定型化。

施工现场安全管理的内容包括施工现场一般安全规定、构件堆放场地安全管理、脚手架工程安全管理、支撑架及防护架安全使用管理、电梯井操作平台安全管理、马道搭设安全管理、安全网支搭及拆除安全管理、孔洞临边防护安全管理、拆除工程安全管理、防护棚支搭安全管理等。

（二）制定各工种安全操作规程

工种安全操作规程可消除和控制劳动过程中的不安全行为，预防伤亡事故，确保作业人员的安全和健康，是企业安全管理的重要制度之一。

安全操作规程的内容应根据安全生产法律法规、标准、规范，结合施工现场的实际情况来制定，同时根据现场使用的新工艺、新设备、新技术，制定出相应的安全操作规程，并监督其实施。

（三）制定机械设备安全管理制度

机械设备是指目前建筑施工普遍使用的垂直运输和加工机具。机械设备本身存在一定的危险性，如果管理不当可能造成机毁人亡。塔式起重机和汽车式起重机是混凝土装配式结构施工中机械设备安全使用管理的重点。

机械设备安全管理制度规定：大型设备应到上级有关部门备案，遵守国家和行业有关规定，还应设专人负责定期进行安全检查、保养，保证机械设备处于良好的状态。

（四）安全生产检查及隐患排除管理制度

以“安全第一、预防为主、综合治理”的方针进行安全生产检查，这是安全生产工作中的一个重要组成部分，不仅能促进国家的安全生产方针和政策贯彻执行，而且能够揭露生产过程中存在的不安全因素，进而明确重点落实整改，确保生产安全。

安全生产检查及管理制度包括安全检查实行定期检查、经常性检查、专业性检查、季节性和节假日检查、综合性检查等多种形式，这些形式的结合能很好地检查安全问题，但是检查是手段，排除才是目的。排除过程应该做到边查边改，件件要落实，桩桩有交代，整改责任到人，要做到“三定”“四不准”。“三定”即定人员、定措施、定期限。“四不准”指凡是应由施工队解决的问题不推给班组，凡是应由部门解决的问题不推给施工队，凡是应由分部解决的问题不推给部门，凡是应由项目部解决的问题不能推给分部。

二、施工人身安全管理制度

施工安全管理是建筑工程项目顺利进行的基础，是项目具备经济效益和社会效益的重要保证。其中，保障施工人员的人身安全是施工安全管理中的重要组成部分，要确保在施工过程中不会出现重大安全事故，如管线事故、伤亡事故等。通过建立相应的安全管理制度和严格执行的安全检查组，可以有效保证施工现场的安全。

（一）培养工人全面的安全意识

1. 安全生产教育

安全生产教育的内容主要包括法制法规教育、企业有关规章制度教育、安全生产管理知识、安全技术知识教育、劳动纪律教育、典型事故案例分析等。

2. 工人安全教育

工人安全教育实行三级安全教育制度。

（1）凡新进企业的员工、合同工、临时工、培训和实习人员等在分配工作前，应由公司、劳资、安全等部门进行第一级安全教育。教育内容包括国家有关安全生产法令、法规、本企业安全生产有关制度、本行业安全基本知识、劳动纪律等。

（2）上述人员到施工项目部门后，应由施工项目部进行第二级安全教育。教育内容包括本项目工程生产概况、安全生产情况、施工作业区状况、机电设施安全、安全规章制度、劳动纪律。

（3）上述人员上岗前应由工长、班组长进行岗位教育，即第三级安全教育。教育内容包括本工种班组安全生产概况，安全检查操作规程，操作环境安全与安全防护措施要求，个人防护用品、防护用具的正确使用，事故前的判断与预防，事故发生后的紧急处理等。

（4）对经过三级安全教育的工人应登记建卡，由项目部安全检查负责人管理教育资料。

（5）没有经过三级安全教育的人员禁止上岗。

（6）对变换工种的员工，要先进行新任工种的安全教育，安全教育的时间、内容要有书面记录。

3. 特种作业人员的安全教育

由于特种作业人员接触的不安全因素多、危险性较大、安全技术知识要求严，对进行特种作业人员的培训教育，其办法执行企业相应的特种作业人员管理制度。

（1）项目部每周一应对本项目员工进行安全检查教育，教育内容有：有关安全生产文件精神宣传教育，上周本项目工程安全检查生产小结，本周安全生产要求，表扬遵章守纪的员工，批评违章作业行为，通报事故的处理情况。

（2）对重大施工项目及危险性大的作业，在员工作业前，必须按制定的安全措施和要求，对施工员工进行安全教育，否则不准作业。

（3）重大的节假日前，员工放假前后，应对员工进行针对性的安全教育。

（4）利用工地黑板报等，定期或不定期进行安全生产宣传教育，报道安全生产动态，宣传安全生产知识、规程等。

人员的安全教育是增强项目人员安全意识，保障安全，减少事故发生的关键措施。

（二）安全值班制度

1. 项目经理部安全值班制度

项目经理部成员都必须轮流坚持安全值班，每人一周时间。在值班期间，应尽职尽责做好安全管理工作，详细检查各个作业面的安全生产情况，发现事故隐患立即采取果断措施整改。对进入现场不戴安全帽、高处悬空作业不系安全带、穿拖鞋等情况，应按处罚规定给予处理。值班期间，应清查人数，凡工地有加班加点的人作业，值班人员不得离开现场。参加值班期内发生的工伤事故调查、分析，做好值班记录，按时交接班。

2. 工地看场人员安全责任

工地看场人员除搞好安全保卫工作外，应对进入现场的外来人员进行登记，若清查发现有新增人员，要及时向工地负责人汇报。在工地门口应设安全监督岗，对不戴安全帽、穿拖鞋、带小孩者，有权制止，不得让其进入施工现场。

各级值班人员，必须尽职尽责，做好安全值班工作，在值班期间，擅离岗位，不负责任，导致发生事故的，将追究值班人员的直接安全责任。

3. 安全十大禁令

（1）严禁穿木屐、拖鞋、高跟鞋及不戴安全帽进入施工现场作业。

（2）严禁一切人员在提升架、吊篮及提升架井口和吊物下操作、站立、行走。

（3）严禁非专业人员私自开动任何施工机械及驳接、拆除电线、电器。

（4）严禁在操作现场玩耍、吵闹和从高处抛掷材料、工具、砖石、砂泥及一切物体。

（5）严禁土方工程的不按规定放坡或不加支撑的深基坑开挖施工。

（6）严禁在无栏杆或其他安全措施的高处作业或在单行墙面上行走。

（7）严禁在未设安全措施的同一部位同时进行上下交叉作业。

（8）严禁带小孩进入施工现场作业。

（9）严禁在高压电源危险区域进行冒险作业，严禁用手直接拿灯头、电线移动操作照明。

（10）严禁在危险品、易燃品、木工棚现场及仓库吸烟、生火。

三、机械设备安全管理

装配式混凝土结构建筑施工过程中，机械使用的种类与传统施工相比有很大差异。装配式混凝土结构建筑施工过程中机械的使用主要用于构件及材料的装卸和安装。其主要设备包括自行式起重机和塔式起重机。垂直运输设施主要包括塔式起重机、物料提升机和施工升降机。其中施工升降机可承担物料的垂直运输和施工人员的垂直运输。自行式起重机和塔式起重机的选用应根据拟施工建筑物的平面形状、高度、构件数量、最大构件质量和长度等确定，确保安全使用机械。科学安排与合理使用起重机械及垂直运输设备可大大减少施工人员的体力劳动，确保施工质量与生产安全，加快施工进度，提高劳动生产率，对保障建筑施工安全生产具有重要意义。

四、构件运输安全管理

构件运输前，构件厂应与施工单位负责人沟通，制订构件运输方案，包括配送构件的结构特点及质量、构件装卸索引图、选定装卸机械及运输车辆、确定搁置方法。构件运输方案得到双方签字确认后才能运输。

提前对装卸场地进行硬地化处理，使其能承受构件堆放荷载和机械行驶、停放要求；装卸场地应满足机械停置、操作时的作业面及回车道路要求，且空中和地面不得有障碍物。

场（厂）内运输道路应有足够宽的路面和坚实的路基；弯道的最小半径应满足运输车辆的拐弯半径要求。

超宽、超高、超长的构件，需公路运输时，应事先到有关单位办理准运手续，并应错过车辆流动高峰期。

（一）构件装车安全管理

（1）装车前准备，应根据构件的质量、尺寸、形状等选择合适的运输工具和支架。凡需现场拼装的构件应尽量将构件成套装车或按安装顺序装车，运至安装现场，提高工作效率，防止因准备不足给装卸、运输过程和装车过程带来不必要的意外。

（2）装车时，构件起吊时应拆除与相邻构件的连接，并将相邻构件支撑牢固。

（3）对大型构件，如外墙板，宜采用龙门式起重机或行车吊运。对于带阳台或飘窗造型的构件，宜采用“C”形卡平衡吊梁。对小型 PC 结构构件，宜采用叉车、汽车式起重机转运。

（4）当构件采用龙门式起重机装车时，起吊前应检查吊钩是否挂好，构件中螺钉是否拆除等，避免影响构件起吊安全。

（5）构件从成品堆放区吊出前，应根据设计要求或强度验算结果，在运输车辆上支设好运输架。

（6）外墙板宜采用竖直立放方式运输，应使用专用支架运输，支架应与车身连接牢固，墙板饰面层应朝外，构件与支架应连接牢固。

（7）楼梯、阳台、预制楼板、短柱、预制梁等小型构件宜采用平运方式，装车时支点搁置要正确，位置和数量应按设计要求进行。

（8）根据构件形状及构件重心位置分布，合理设定 PC 结构构件吊点位置。预埋吊具宜选用预埋吊钩（环）或可拆卸的埋置式接驳器。

（9）构件装车时的吊点和起吊方法，不论上车运输或卸车堆放，都应按设计要求和施工方案确定。吊点的位置还应符合下列规定：

① 两点起吊的构件，吊点位置应高于构件的重心或起吊千斤顶与构件的重心。

② 细长的和薄型的构件起吊，可采用多吊点或特制起吊工具，吊点和起吊方法按设计要求进行，必要时由施工技术人员计算确定。

③ 变截面的构件起吊时，应做到平起平放，否则截面面积小的一端应先起升。

（10）运输构件的搁置点：一般等截面构件在长度 1/5 处，板的搁置点在距端部 200 ～ 300 mm 处。其他构件视受力情况确定，搁置点宜靠近节点处。

（11）构件起吊时应保持水平，慢速起吊并注意观察。下落时平缓，落架时应防止摇摆碰撞，损伤货品棱角或表面瓷砖。

（12）构件装车时应轻起轻落、左右对称放置车上，保持车上荷载分布均匀；卸车时按“后装的先卸”的顺序进行，使车身和构件稳定。构件装车编排应尽量将质量大的构件放在运输车辆前端中央部位，质量小的构件则放在运输车辆的两侧，并降低构件重心，使运输车辆平稳，行驶安全。

（13）采用平运叠放方式运输时，叠放在车上的构件之间，应采用垫木，并在同一条垂直线上，且厚度相等。有吊环的构件叠放时，垫木的厚度应高于吊环的高度，且支点垫木上下对齐，并应与车身绑扎牢固。

（14）构件与车身、构件与构件之间应设有板条、草袋等隔离体，避免运输时构件滑动、碰撞。

（15）PC 结构构件固定在装车架后，应用专用帆布带、夹具或斜撑夹紧固定，帆布带压在货品的棱角前应用角铁隔离，构件边角位置或角铁与构件之间接触部位应用橡胶材料或其他柔性材料衬垫等缓冲。

（16）对于不容易掉头和又重又长的构件，应根据其安装方向确定装车方向，以利于卸车就位。

（17）临时加长车身，在车身上排列数根（数量由计算确定）超过车身长度的型钢（如工字钢、槽钢等）或大木方（截面 200 mm × 300 mm），使之与车身连接牢固；装车时将构件支点置于其上，使支点超出车身，超出的长度由计算确定。

（18）构件抗弯能力较差时，应设抗弯拉索，拉索和捆扎点应计算确定。

（二）运输过程安全控制

运输过程是运输阶段的重要一环，运输前，提前对一些交通影响因素进行考虑，提前做好准备。

1. 运输前的准备

应组织有关人员（含司机）参加运输道路情况查勘，勘察内容包括：沿途上空有无障碍物，公路桥的允许负荷量，通过的涵洞净空尺寸等。如沿途横穿铁道，应查清火车通过道口的时间，并对司机进行交底。运输超高、超宽、超长的构件时，应在指定路线上行驶。

牵引车上应悬挂安全标志，超高的部件应有专人照看，并配备适当器具，保证在有障碍物情况下安全通过。

运输车辆应车况良好，刹车装置性能可靠；使用拖挂车或两平板车连接运输超长构件时，前车上应设转向装置，后车上设纵向活动装置，且有同步刹车装置。

PC 结构构件装车完成后，应再次检查装车后构件质量，对于在装车过程中造成构件碰损的部位，立即安排专业人员修补处理，保证装车的 PC 结构构件合格。

2. 运输基本要求

场内运输道路必须平整坚实，经常维修，并有足够的路面宽度和转弯半径。载重汽车的单行道宽度不得小于 3.5 m，拖车的单行道宽度不得小于 4 m，双行道宽度不得小于 6 m；采用单行道时，要有适当的会车点。载重汽车的转弯半径不得小于 10 m，半拖式拖车的转弯半径不宜小于 15 m，全拖式拖车的转弯半径不宜小于 20 m。构件在运输时应固定牢靠，以防在运输中途倾倒，或在道路转弯时车速过高被甩出。根据路面情况掌握行车速度。道路拐弯必须降低车速。

采用公路运输时，若通过桥涵或隧道，则装载高度对二级以上公路不应超过 5 m；对三、四级公路不应超过 4.5 m。

装有构件的车辆在行驶时，应根据构件的类别、行车路况控制车辆的行车速度，保持车身平稳，注意行车动向，严禁急刹车，避免事故发生。

3. 构件卸车及堆放

（1）卸货堆放前准备构件运进施工现场前，应对堆放场地占地面积进行计算，根据施工组织设计编制现场堆放场内构件堆放的平面布置图。混凝土构件卸货堆放区应按构件型号、类别进行合理分区，集中堆放，吊装时可进行二次搬运。堆放场地应平整坚实，基础四周松散土应分层夯实，堆放应满足地基承载力。混凝土构件存放区域应在起重机械工作范围内。

（2）构件场内卸货堆放基本要求堆放构件的地面必须平整坚实，进出道路应畅通，排水良好，以防构件因地面不均匀下沉而倾倒。

① 构件应按型号、吊装顺序依次堆放，先吊装的构件应堆放在外侧或上层，并将有编号或有标志的一面朝向通道一侧。堆放位置应尽可能在安装起重机械回转半径范围内，并考虑吊装方向，避免吊装时转向和再次搬运。

② 确定构件的堆放高度时，应考虑堆放处地面的承压力和构件的总质量以及构件的刚度及稳定性的要求。柱子不得超过两层，梁不得超过三层，楼板不得超过六层，圆孔板不宜超过八层，堆垛间应留 2 m 宽的通道。堆放预应力构件时，应根据构件起拱值的大小和堆放时间采取相应措施。

③ 构件堆放要保持平稳，底部应放置垫木。成堆堆放的构件应以垫木隔开，垫木厚度应高于吊环高度，构件之间的垫木要在同一条垂直线上，且厚度要相等。堆放构件的垫木应能承受上部构件的质量。

④ 构件堆放应有一定的挂钩绑扎间距，堆放时相邻构件之间的间距不小于 200 mm。对侧向刚度差、重心较高、支承面较窄的构件，应立放就位，除两端垫垫木外，还应搭设支架或用支撑将其临时固定，支撑件本身应坚固，支撑后不得左右摆动和松动。

拓展阅读

小型构件堆放要求

（1）堆放场地须平整，进出道路应畅通，且有排水沟槽。

（2）不同规格、不同类别的构件分别堆放，以易找、易取、易运为宜。

（3）若采用人工搬运，堆放时应留有搬运通道。

（4）对于特殊和不规则形状构件的堆放，应制订堆放方案并严格执行。

（5）采用靠放架立放的构件，必须对称靠放和吊运，其倾斜角度应保持大于 80°，构件上部宜用木块隔开。靠放架宜用金属材料制作，使用前要认真检查验收，靠放架的高度应为构件的$\frac{2}{3}$以上。

五、施工过程安全管理

装配式混凝土结构建筑建造过程中最难控制的安全管理阶段也就是现场施工阶段，施工现场有很多隐藏的安全风险，需要施工单位提前做好应对措施。

（一）施工现场前期准备阶段存在的安全风险

（1）施工方案不到位。如预制件至堆放点的运输道路布置不合理导致道路的堵塞、破坏及车辆碰撞等；再如道路及堆场设在地库顶板上时，若前期未进行计算及采取相应的加固措施，则有可能导致地库顶板开裂甚至坍塌等。

（2）安全技术交底不到位。因装配式建筑比常规施工有更多的吊装工作，如果未进行相应的技术考核及安全技术交底，则容易造成施工人员未持证就上岗、吊装技术不熟练及施工人员站位不准确、缺少扶位而导致伤残等问题。

（二）施工装运阶段存在的安全风险

（1）吊装机械选型及吊装方案不到位，导致吊装设备的碰撞及超负荷吊装、斜吊 PC 结构构件等安全问题。

（2）PC 结构构件进场检测不到位，可能出现吊装时埋件拉出、吊点周边混凝土开裂、吊具损坏、预制件重心不稳等吊装隐患。

（3）吊装施工作业不规范，导致吊装 PC 结构构件时晃动严重及摆动幅度过大，增加了 PC 结构构件吊装时碰撞钢筋、伤人等的安全隐患。

（4）PC 结构构件堆放不规范，导致 PC 结构构件的倾覆、破坏，严重的可能会导致人员受伤。

（5）防护设施安装不规范，在装配式建筑中一般不使用外脚手架而采用工具式防护架、围挡，倘若架体安装刚度不足及架体间缺少连接措施，则易导致架体不稳，甚至物体、人员坠落。

（三）吊装就位阶段存在的安全风险

（1）临时支撑体系不到位。PC 结构构件需采用临时支撑拉结与原有体系进行连接，操作人员在支撑未安装到位前随意松解或加固易使斜撑滑动，导致构件的失稳或坠落。

（2）吊装、安装不到位。吊装幅度过大，易导致挤压伤人。而当 PC 结构构件预埋接驳器内有垃圾或者预埋件保护不到位时，吊具受力螺栓无法充分拧入孔洞内从而导致螺栓部分受力，存在安全隐患。

（3）高空作业、临边防护不规范。

（四）拼缝、修补外饰阶段存在的安全风险

（1）在拼缝、修补外饰面的过程中，如果灌浆机的操作不当可能导致诸如浆料喷入操作者或其他人员眼睛里等事故的发生。

（2）由于预制外墙板之间有拼缝，因此在装配式混凝土结构建筑中常会用吊篮对外墙面进行处理。吊篮作业的不规范会产生严重的安全后果。

项目小结

本项目主要介绍了装配式建筑施工安全管理。安全生产管理是一个系统性、综合性的管理，其管理的内容涉及建筑生产的各个环节。因此，建筑施工企业在安全管理中必须坚持“安全第一、预防为主、综合治理”的安全方针。通过本项目的学习，读者应掌握制定安全政策、计划和措施，建立安全生产组织管理体系和检查体系等相关知识与技能。

项 目 工 单

一、任务名称

制作排查施工安全隐患方案。

二、任务描述

实际走访一两处建筑工地，并上网查找相关资料，以小组为单位制作一份排查施工安全隐患的方案，并制作成 PPT，在班上进行宣讲。

三、分组讨论

以 3 ～ 5 人为一组，选出组长并进行任务分工，将小组成员及分工情况填入表 8-1 中。

表 8-1 小组成员及分工情况

班级： 组号： 指导教师：

小组成员	姓名	学号	任务分工
组长			
组员			

四、任务思考

1. 施工安全隐患的范围包括哪些？

2. 排查施工安全隐患的方法有什么？

五、实施过程

按实际操作步骤，将实施内容、遇到的问题及解决办法等记录于表 8-2 中。

表 8-2 工作实施过程记录表

序号	实施内容	遇到的问题及解决办法	结果

六、任务评价

各组展示任务完成情况，并完成考核评价表（表 8-3）。

表 8-3 考核评价表

<table>
<tr><th rowspan="2">项目名称</th><th rowspan="2" colspan="2">评价内容</th><th rowspan="2">满分 / 分</th><th colspan="3">评分 / 分</th></tr>
<tr><th>自评</th><th>互评</th><th>师评</th></tr>
<tr><td rowspan="3">职业素养考核项目</td><td colspan="2">考勤、纪律意识</td><td>10</td><td></td><td></td><td></td></tr>
<tr><td colspan="2">团队交流与合作意识</td><td>10</td><td></td><td></td><td></td></tr>
<tr><td colspan="2">参与主动性</td><td>10</td><td></td><td></td><td></td></tr>
<tr><td rowspan="5">专业能力考核项目</td><td colspan="2">积极参与教学活动并正确理解任务要求</td><td>10</td><td></td><td></td><td></td></tr>
<tr><td colspan="2">认真查找与任务相关的资料</td><td>10</td><td></td><td></td><td></td></tr>
<tr><td colspan="2">对施工安全管理的了解程度</td><td>10</td><td></td><td></td><td></td></tr>
<tr><td colspan="2">对任务参与的完整度</td><td>20</td><td></td><td></td><td></td></tr>
<tr><td colspan="2">独立完成相应任务的程度</td><td>20</td><td></td><td></td><td></td></tr>
<tr><td colspan="3">合计</td><td>100</td><td></td><td></td><td></td></tr>
<tr><td rowspan="2">总评</td><td rowspan="2">自评（20%）+ 互评（20%）+ 师评（60%）=</td><td>综合等级</td><td rowspan="2" colspan="4">指导教师（签名）：</td></tr>
<tr><td></td></tr>
</table>

课 后 练 习

一、填空题

1. 特大事故，是指造成____________人以上死亡，或者____________人以上重伤（包括急性工业中毒，下同），或者 1 亿元以上直接经济损失的事故。

2. 高处坠落、物体打击、机械伤害、____________、____________，是建筑业最常发生的 5 种事故

3.____________可消除和控制劳动过程中的不安全行为，预防伤亡事故，确保作业人员的安全和健康，是企业安全管理的重要制度之一。

4. 工人安全教育实行____________教育制度。

5. 采用公路运输时，若通过桥涵或隧道，则装载高度对二级以上公路不应超过____________m；对三、四级公路不应超过____________m。

二、简答题

1. 建筑安全生产事故有哪些类型？

2. 常见安全事故原因有哪些？

项目九

装配式建筑质量验收

项目导读

不同于以往现浇混凝土建筑质量验收，装配式建筑质量验收需要先进行构件生产过程质量验收和构件成品质量验收，然后进行安装施工过程质量验收和施工完成后分部分项工程质量验收。本项目我们将学习装配式建筑质量验收的相关内容。

学习目标

知识目标

1. 掌握预制构件生产过程中模具验收、钢筋和预埋件验收、混凝土验收、预制构件成品验收的一般规定，主控项目和一般项目验收的内容、标准及检验方法。

2. 掌握预制构件进场验收程序、内容、标准。

3. 掌握预制混凝土构件安装施工过程质量检验内容。

4. 掌握装配式混凝土结构子分部工程验收内容。

能力目标

1. 能对预制构件质量进行检验。

2. 能对装配式混凝土结构工程施工质量进行检验。

素质目标

1. 秉承精益求精、求真务实的工作态度。

2. 理论结合实际，成长为实用人才。

思政目标

1. 保持深厚的家国情怀和强烈的社会责任感。

2. 树立远大志向，在实现中国梦的伟大实践中创造自己精彩人生。

任务一 预制构件质量验收

任务描述

为了提高预制构件工厂生产的产品质量，降低生产过程中的成本，以及确保预制构件在现场安装中实现无缝连接，需要对预制构件质量验收。本任务我们将学习预制构件质量验收的相关知识。

任务分析

预制构件是指在工厂或预制场所组装、加工完成后，再运至施工现场进行拼装的构件。然而，如何确保预制构件的质量符合规定标准，成为一个重要的问题。本任务介绍了模具质量验收、钢筋及预埋件质量验收、混凝土质量验收、预制构件质量验收的相关内容。

任务实施

一、预制构件质量验收基本规定

（一）构件生产厂家质量责任

（1）构件生产厂家要根据施工图设计文件、预制构件深化设计文件和相关技术标准编制构件生产制作方案，方案应包含预制构件生产工艺、模具、生产计划、技术质量控制措施、成品保护措施、检测验收、堆放及运输、常见质量问题防治等内容，综合考虑建设单位、监理单位、施工单位关于质量和进度方面的要求，经企业技术负责人审批后实施。

（2）预制构件生产前，生产单位应当就构件生产制作过程关键工序、关键部位的施工工艺向工人进行技术交底；预制构件生产过程中，应当对隐蔽工程和每一检验批按相关规范进行验收并形成纸质验收记录；预制构件施工安装前，设计单位应就关键工序、关键部位的安装注意事项向施工单位进行技术交底。

（3）预制构件用混凝土所需原材料、场地、设备、工具、试验等均应满足相关规定要求。

（4）建立健全原材料质量检测制度。检测程序、检测方案等应符合《建设工程质量检测管理办法》《房屋建筑和市政基础设施工程质量检测技术管理规范》（GB 50618—2011）等规范规定。

（5）建立健全预制构件制作质量检验制度。应由施工单位委托有资质的第三方检测机构对钢筋连接套筒与工程实际采用的钢筋、灌浆料的匹配性进行工艺检验。

（6）建立构件成品质量出厂检验和编码标识制度。应在构件显著位置进行唯一性信息化标识，并提供构件出厂合格证和施工说明书，预制构件出厂前质量检验及信息化标识应满足预制构件出厂检验内容及要求。

（7）预制构件存放及运输过程中，应采取可靠措施避免预制构件受损、破坏。

（8）及时收集整理预制构件生产制作过程的质量控制资料，并作为出厂合格证的附件提供给施工单位，生产制作过程按相关规定全程进行信息化管理。

（9）应参加首层或首个有代表性施工段试拼装及装配式混凝土结构子分部工程质量验收，对施工过程所发现的生产问题提出改进措施，及时对预制构件生产制作方案进行调整改进。

（二）构件生产厂家的基本条件和要求

（1）预制构件生产企业应符合相应的资质等级管理要求，并建立完善的预制构件生产质量管理体系，应有预制构件生产必备的试验检测能力。

（2）预制构件加工制作前应审核预制构件加工图，具体内容包括预制构件模具图、配筋图、预埋吊件及有关预埋件布置图等。加工图需要变更或完善时应及时办理变更文件。

（3）预制构件制作前应编制生产方案，具体内容包括生产计划及生产工艺，模具方案及模具计划，技术质量控制措施，成品码放、保护及运输方案等。必要时应进行预制构件脱模、吊运、码放、翻转及运输等相关内容的承载力验算。

（4）预制构件生产企业的各种检测、试验、张拉、计量等设备及仪器仪表均应检定合格，并在有效期内使用。

（5）预制构件所用的原材料质量，钢筋加工和焊接的力学性能，混凝土的强度，构件的结构性能，装饰材料、保温材料及拉结件的质量等均应根据现行有关标准进行检查试验，出具试验报告并存档备案。

（6）预制构件制作前，应依据设计要求和混凝土工作性能要求进行混凝土配合比设计。必要时在预制构件生产前进行样品试制，经设计和监理认可后方可实施。

（7）预制构件的质量检验应按模具、钢筋、混凝土、预制构件等四个检验项目进行，检验时对新制作或改制后的模具、钢筋成品和预制构件应按件检验；对原材料、预埋件、钢筋半成品、重复使用的定型模具等应分批随机抽样检验；对混凝土拌和物工作性能及强度应按批检验。

（8）模具、钢筋、混凝土和预制构件的制作质量，均应在班组自检、互检、交接检的基础上，由专职检验员进行检验。

（9）对检验合格的检验批，做出合格标识。

（10）检验资料应完整，主要内容包括混凝土、钢筋及受力埋件质量证明文件、主要材料进场复验报告、构件生产过程质量检验记录、结构试验记录（报告）及必要的试验或检验记录。

（11）质量检验部门应根据钢筋、混凝土、预制构件的试验、检验资料，评定预制构件的质量。当上述各检验项目的质量均合格时，方可评定为合格产品。预制构件部分非主控项目不合格时，允许采取措施维修处理后重新检验，合格后仍可评定为合格。

（12）对合格的预制构件应做出标识，标识内容包括工程名称、构件型号、生产日期、生产单位、合格标识等。

（13）检验合格的预制构件应及时向使用单位出具“预制混凝土构件出厂合格证”，不合格的预制构件不得出厂。

（14）预制构件在生产、运输、存放过程中应采取适当的防护措施，防止预制构件损坏或污染。

（15）预制构件出厂必须提供标识与产品合格证。

二、模具质量验收

（一）一般规定

（1）模具应具有足够的承载力、刚度和稳定性，保证构件生产时能可靠地承受浇筑混凝土的质量、侧压力及施工荷载。

扫一扫

模具质量验收

（2）模具应装拆方便，并应满足预制构件质量、生产工艺和周转次数等要求，便于钢筋安装和混凝土浇筑、养护。

（3）隔离剂应具有良好的隔离效果，不得影响脱模后混凝土表面的后期装饰。

（4）结构造型复杂、外形有特殊要求的模具应制作样板，经检验合格后方可批量制作。

（二）主控项目

（1）模具各部件之间应连接牢固，接缝应紧密，附带的埋件或工装件应定位准确，安装牢固。

（2）用作底模的台座、胎模、地坪及铺设的底板等应平整光洁，不得有下沉、裂缝、起砂和起鼓；模具应保持清洁，涂刷脱模剂、表面缓凝剂时应均匀、无漏刷、无堆积，且不得沾污钢筋，不得影响预制构件外观效果。

（3）应定期检查侧模、预埋件和预留孔洞定位措施的有效性；应采取防止模具变形和锈蚀的措施；重新启用的模具应检验合格后方可使用。

（4）模具与平模台间的螺栓、定位销、磁盒等固定方式应可靠，防止混凝土振捣成型时造成模具偏移和漏浆。

（三）一般项目

（1）除设计有特殊要求之外，预制构件模具尺寸偏差和检验方法应符合表 9-1 的规定。

表 9-1　预制构件模具尺寸允许偏差和检验方法

<table>
<tr><th>项次</th><th colspan="2">检验项目、内容</th><th>允许偏差 /mm</th><th>检验方法</th></tr>
<tr><td rowspan="3">1</td><td rowspan="3">长度</td><td>≤ 6 m</td><td>1，−2</td><td rowspan="3">用尺量平行构件高度方向，取其中偏差绝对值较大处</td></tr>
<tr><td>＞ 6 m 且≤ 12 m</td><td>2，−4</td></tr>
<tr><td>＞ 12 m</td><td>3，−5</td></tr>
<tr><td>2</td><td rowspan="2">宽度、高（厚）度</td><td>墙板</td><td>1，−2</td><td rowspan="2">用尺量两端或中部，取其中偏差绝对值较大处</td></tr>
<tr><td>3</td><td>其他构件</td><td>2，−4</td></tr>
<tr><td>4</td><td colspan="2">底模表面平整度</td><td>2</td><td>用 2 m 靠尺和塞尺量</td></tr>
<tr><td>5</td><td colspan="2">对角线差</td><td>3</td><td>用尺量对角线</td></tr>
<tr><td>6</td><td colspan="2">侧向弯曲</td><td>L/1 500 ≤ 5</td><td>拉线，用钢尺量测侧向弯曲最大处</td></tr>
<tr><td>7</td><td colspan="2">翘曲</td><td>L/1 500</td><td>对角拉线测量交点间距离值的两倍</td></tr>
<tr><td>8</td><td colspan="2">组装缝隙</td><td>1</td><td>用塞片或塞尺量测，取最大值</td></tr>
<tr><td>9</td><td colspan="2">端模与侧模高低差</td><td>1</td><td>用钢尺量</td></tr>
</table>

注：L 为模具与混凝土接触面中最长边的尺寸，下同。

（2）构件上的预埋件和预留孔洞宜通过模具进行定位，并安装牢固，其安装偏差应符合表 9-2 的规定。

表 9-2　模具上预埋件、预留孔洞安装允许偏差

<table>
<tr><th>项次</th><th colspan="2">检验项目</th><th>允许偏差 /mm</th><th>检验方法</th></tr>
<tr><td rowspan="2">1</td><td rowspan="2">预埋钢板、建筑幕墙用槽式预埋组件</td><td>中心线位置</td><td>3</td><td>用尺量测纵横两个方向的中心线位置，取其中较大值</td></tr>
<tr><td>平面高差</td><td>±2</td><td>钢直尺和塞尺检查</td></tr>
<tr><td>2</td><td colspan="2">预埋管、电线盒、电线管水平和垂直方向的中心线位置偏移、预留孔、浆锚搭接预留孔（或波纹管）</td><td>2</td><td>用尺量测纵横两个方向的中心线位置，取其中较大值</td></tr>
</table>

表 9-2（续）

项次	检验项目		允许偏差 /mm	检验方法
3	插筋	中心线位置	3	用尺量测纵横两个方向的中心线位置，取其中较大值
		外露长度	+10，0	用尺量测
4	吊环	中心线位置	3	用尺量测纵横两个方向的中心线位置，取其中较大值
		外露长度	0，–5	用尺量测
5	预埋螺栓	中心线位置	2	用尺量测纵横两个方向的中心线位置，取其中较大值
		外露长度	+5，0	用尺量测
6	预埋螺母	中心线位置	2	用尺量测纵横两个方向的中心线位置，取其中较大值
		平面高差	± 1	钢直尺和塞尺检查
7	预留洞	中心线位置	3	用尺量测纵横两个方向的中心线位置，取其中较大值
		尺寸	+3，0	用尺量测纵横两个方向尺寸，取其中较大值
8	灌浆套筒及连接钢筋	灌浆套筒中心线位置	1	用尺量测纵横两个方向的中心线位置，取其中较大值
		连接钢筋中心线位置	1	用尺量测纵横两个方向的中心线位置，取其中较大值
		连接钢筋外露长度	+5，0	用尺量测

（3）预制构件中预埋门窗框时，应在模具上设置限位装置进行固定，并应逐件检验。门窗框安装偏差和检验方法应符合表 9-3 的规定。

表 9-3 门窗框安装允许偏差和检验方法

项次	检验项目		允许偏差 /mm	检验方法
1	锚固脚片	中心线位置	5	钢尺检查
		外露长度	+5，0	钢尺检查
2	门窗框位置		2	钢尺检查
3	门窗框高、宽		± 2	钢尺检查
4	门窗框对角线		± 2	钢尺检查
5	门窗框的平整度		2	靠尺检查

三、钢筋及预埋件质量验收

（一）一般规定

（1）钢筋和预埋件施工完后需要进行隐蔽工程检查，项目应包括：

① 钢筋的牌号、规格、数量、位置和间距。

② 纵向受力钢筋的连接方式、接头位置、接头质量、接头面积百分率、搭接长度、锚固方式及锚固长度。

③ 箍筋弯钩的弯折角度及平直段长度。

④ 钢筋的混凝土保护层厚度。

⑤ 预埋件、吊环、插筋、灌浆套筒、预留孔洞、金属波纹管的规格、数量、位置及固定措施。

⑥ 预埋线盒和管线的规格、数量、位置及固定措施。

⑦ 夹芯外墙板的保温层位置和厚度，拉结件的规格、数量和位置。

⑧ 预应力筋及其锚具、连接器和锚垫板的品种、规格、数量、位置。

⑨ 预留孔道的规格、数量、位置，灌浆孔、排气孔、锚固区局部加强构造。

（2）钢筋焊接接头、机械连接接头和套筒灌浆连接接头均应进行工艺检验，检验结果合格后方可进行钢筋连接施工。

（3）采用钢筋机械连接接头及套筒灌浆连接接头的预制构件，应按国家现行相关标准的规定制作接头试件，试验合格后方可用于构件生产。套筒灌浆连接需要进行套筒和灌浆料的形式试验，合格后方可进行套筒灌浆施工。

（二）主控项目

（1）钢筋接头的方式、位置、同一截面受力钢筋的接头百分率、钢筋的搭接长度及锚固长度等应符合设计要求或国家现行有关标准的规定。

（2）焊接接头、钢筋机械连接接头、钢筋套筒灌浆连接接头力学性能应符合现行行业标准《钢筋焊接及验收规程》（JGJ 18—2012）、《钢筋机械连接技术规程》（JGJ 107—2016）和《钢筋套筒灌浆连接应用技术规程》（JGJ 355—2015）的有关规定。

（3）钢筋、预应力筋、预埋件等应按国家现行标准的规定进行进场检验，其力学性能和质量偏差应符合设计要求和标准要求。

（4）预应力筋用锚具、夹具和连接器应按国家现行有关标准的规定进行进场检验，其性能应符合设计要求和标准规定。

（5）预埋件用钢材及焊条的性能应符合设计要求。

（三）一般项目

（1）钢筋、预应力筋表面应无损伤、裂纹、油污，不应有严重锈蚀。

（2）钢筋成品和钢筋桁架的尺寸偏差应符合表 9-4、表 9-5 的规定。

表 9-4　钢筋成品的允许偏差和检验方法

项目			允许偏差 /mm	检验方法
钢筋网片	长、宽		± 5	钢尺检查
	网眼尺寸		± 10	钢尺量连续三档，取最大值
	对角线		5	钢尺检查
	端头不齐		5	钢尺检查
钢筋骨架	长		0，–5	钢尺检查
	宽		± 5	钢尺检查
	高（厚）		± 5	钢尺检查
	主筋间距		± 10	钢尺量两端、中间各一点，取最大值
	主筋排距		± 5	钢尺量两端、中间各一点，取最大值
	箍筋间距		± 10	钢尺量连续三档，取最大值
	弯起点位置		15	钢尺检查
	端头不齐		5	钢尺检查
	保护层	柱、梁	± 5	钢尺检查
		板、墙	± 3	钢尺检查

表 9-5　钢筋桁架尺寸允许偏差

项次	检验项目	允许偏差 /mm
1	长度	总长度的 ± 0.3%，且不超过 ± 10
2	高度	+1，–3
3	宽度	± 5
4	扭翘	≤5

（3）预埋件加工偏差应符合表 9-6 的规定。

表 9-6　预埋件加工允许偏差

项次	检验项目		允许偏差 /mm	检验方法
1	预埋件锚板的边长		0，–5	用钢尺量测
2	预埋件锚板的平整度		1	用直尺和塞尺量测
3	箍筋	长度	10，–5	用钢尺量测
		间距偏差	± 10	用钢尺量测

四、混凝土质量验收

（一）一般规定

（1）混凝土工作性能指标应根据预制构件产品特点和生产工艺确定，混凝土配合比设计应符合国家现行标准《普通混凝土配合比设计规程》（JGJ 55—2011）和《混凝土结构工程施工规范》（GB 50666—2011）的有关规定。

（2）混凝土应采用有自动计量装置的强制式搅拌机搅拌，并具有生产数据逐盘记录和实时查询功能。混凝土应按照混凝土配合比通知单进行生产，原材料每盘称量的允许偏差应符合表 9-7 的规定。

表 9-7 混凝土原材料每盘称量的允许偏差

项次	材料名称	允许偏差 /%
1	胶凝材料	± 2
2	粗、细骨料	± 3
3	水、外加剂	± 1

（3）混凝土应进行抗压强度检验，并应符合下列规定。

① 混凝土检验试件应在浇筑地点取样制作。

② 每拌制 100 盘且不超过 100 m^3 的同一配合比混凝土为一批，每工作班拌制的同一配合比的混凝土不足 100 盘为一批。

③ 每批制作强度检验试块不少于 3 组，随机抽取 1 组进行同条件标准养护后进行强度检验，其余可作为同条件试件在预制构件脱模和出厂时控制其混凝土强度；还可根据预制构件吊装、张拉和放张等要求，留置足够数量的同条件混凝土试块进行强度检验。

④ 蒸汽养护的预制构件，其强度评定混凝土试块应随同构件蒸养后，再转入标准条件养护 28 d。构件脱模起吊、预应力张拉或放张的混凝土同条件试块，其养护条件应与构件生产中采用的养护条件相同。

⑤ 除设计有要求外，预制构件出厂时的混凝土强度不宜低于设计混凝土强度等级值的 75%。

（二）主控项目

（1）混凝土原材料的质量必须符合国家现行有关标准的规定。

（2）拌制混凝土所用原材料的品种和规格，必须符合混凝土配合比的规定。

（3）预制构件的混凝土强度应按现行国家标准《混凝土强度检验评定标准》（GB/T 50107—2010）的规定进行分批评定，混凝土强度评定结果应合格。

（4）预制构件的混凝土耐久性指标应符合设计规定。

（三）一般项目

（1）拌制混凝土所用原材料的数量应符合混凝土配合比的规定。

（2）拌和混凝土前，应测定砂、石含水率，并根据测定结果调整材料用量，提出混凝土施工配合比。当遇到雨天或含水率变化大时，应增加含水率测定次数，并及时调整水和骨料的质量。

（3）混凝土拌和物应搅拌均匀、颜色一致，其工作性能应符合混凝土配合比的规定。

（4）预制构件成型后应按生产方案规定的混凝土养护制度进行养护，当采用蒸汽养护时，升温速度、恒温温度及降温速度不超过技术标准规定。

五、预制构件质量验收

（一）一般规定

（1）批量生产的梁板类简支受弯构件应进行结构性能检验，在采取加强材料和制作质量检验措施确保构件质量的前提下，对非标构件或生产数量较少的简支受弯构件可不进行结构性能检验。

（2）构件生产时应制定措施避免构件出现外观质量缺陷。预制构件的外观质量缺陷根据其影响预制构件的结构性能和使用功能的严重程度，按如表 9-8 所示划分严重缺陷和一般缺陷。

表 9-8　构件外观质量缺陷分类

名称	现象	严重缺陷	一般缺陷
露筋	构件内钢筋未被混凝土包裹而外露	纵向受力钢筋有露筋	其他钢筋有少量露筋
蜂窝	混凝土表面缺少水泥砂浆而形成石子外露	构件主要受力部位有蜂窝	其他部位有少量蜂窝
孔洞	混凝土中孔穴深度和长度均超过保护层厚度	构件主要受力部位有孔洞	其他部位有少量孔洞
夹渣	混凝土中夹有杂物且深度超过保护层厚度	构件主要受力部位有夹渣	其他部位有少量夹渣
疏松	混凝土中局部不密实	构件主要受力部位有疏松	其他部位有少量疏松
裂缝	缝隙从混凝土表面延伸至混凝土内部	构件主要受力部位有影响结构性能或使用功能的裂缝	其他部位有不影响结构性能或使用功能的裂缝
连接部位缺陷	构件连接处混凝土缺陷及连接钢筋、插筋严重锈蚀、弯曲，灌浆套管堵塞、偏位，灌浆孔洞堵塞、偏位、破损等缺陷	连接部位有影响结构传力性能的缺陷	连接部位有基本不影响结构传力性能的缺陷

表 9-8（续）

名称	现象	严重缺陷	一般缺陷
外形缺陷	缺棱掉角、棱角不直、翘曲不平、飞出凸肋等，装饰面砖黏结不牢、表面不平、砖缝不顺直等	清水或具有装饰的混凝土构件内有影响使用功能或装修效果的外形缺陷	其他混凝土构件有不影响使用功能的外形缺陷
外表缺陷	构件表面麻面、掉皮、起砂、沾污等	具有重要装饰效果的清水混凝土构件有外表缺陷	其他混凝土构件有不影响使用功能的外表缺陷

（3）拆模后的预制构件应及时检查，并记录其外观质量和尺寸偏差，对于出现的严重质量缺陷，应按技术方案的要求进行处理，并对该构件重新进行检查验收。

（二）主控项目

（1）预制构件的脱模强度应满足设计要求，设计无要求时，应根据构件脱模受力情况确定，且不得低于混凝土设计强度的 75%。

（2）采用先张法生产的构件，在混凝土成型时预应力筋出现断裂或滑脱时应及时予以更换。采用后张法生产的预制构件，预应力筋出现断裂或滑脱的根数不得超过 2%，且同一束预应力筋中钢丝不得超过一根。

（3）先张法预应力筋预应力有效值与检验规定值偏差的百分率不应超过 ± 5%，用千斤顶或应力测定仪必须在张拉后 1 h 量测检查。

（4）后张法预应力构件的预应力筋孔道灌浆应密实、饱满。

（5）预制构件的预埋件、插筋、预留孔的规格、数量应符合设计要求。

（6）预制构件的叠合面或键槽成型质量应满足设计要求。

（7）陶瓷类装饰面砖与构件基面的黏结强度应满足现行行业标准的规定。

（8）夹芯保温外墙板的保温材料类别、厚度、位置应符合设计要求。

（9）夹芯保温外墙板的内外层混凝土板之间的拉结件类别、数量及使用位置应符合设计要求。

（10）预制构件外观质量不应有严重质量缺陷。

（11）批量生产的梁板类标准构件，其结构性能应满足设计或标准规定。同一工艺正常生产的不超过 1 000 件且不超过 3 个月的同类产品为 1 批；当连续检验 10 批且每批的结构性能检验结果均符合要求时，对同一工艺正常生产的构件，可改为不超过 2 000 件且不超过 3 个月的同类型产品为 1 批。在每批中随机抽取 1 件有代表性构件进行检验，检验方法按《混凝土结构工程施工质量验收规范》（GB 50204—2015）规定进行。

（三）一般项目

预制构件尺寸偏差及预留孔、预留洞、预埋件、预留插筋、键槽的位置和检验方法应符合表 9-9 至表 9-11 的规定，同一工作班生产的同类型构件，抽查 5% 且不少于 3 件。预制构件有粗糙面时，与预制构件粗糙面相关的尺寸允许偏差可放宽 1.5 倍。

表 9-9　预制楼板类构件外形尺寸允许偏差及检验方法

项次	检查项目			允许偏差 /mm	检验方法
1	规格尺寸	长度	＜ 12 m	± 5	用尺量两端及中间部，取其中偏差绝对值较大值
			≥ 12 m 且＜ 18 m	± 10	
			≥ 18 m	± 20	
2		宽度		± 5	用尺量两端及中间部，取其中偏差绝对值较大值
3		厚度		± 5	用尺量板四角和四边中部位置共 8 处，取其中偏差绝对值较大值
4	对角线差			6	在构件表面，用尺量两对角线的长度，取其绝对值的差值
5	外形	表面平整度	内表面	4	用 2 m 靠尺安放在构件表面上，用楔形塞尺量测靠尺与表面之间的最大缝隙
			外表面	3	
6		楼板侧向弯曲		L/750 且≤ 20	拉线，钢尺量最大弯曲处
7		扭翘		L/750	四对角线拉两条线，量测两线交点之间的距离，其值的 2 倍为扭翘值
8	预埋部件	预埋钢板	中心线位置偏移	5	用尺量测纵横两个方向的中心线位置，取其中较大值
			平面高差	0，−5	用尺紧靠在预埋件上，用楔形塞尺量测预埋件平面与混凝土面的最大缝隙
9		预埋螺栓	中心线位置偏移	2	用尺量测纵横两个方向的中心线位置，取其中较大值
			外露长度	+10，−5	用尺量
10		预埋线盒、电盒	构件平面的水平方向中心位置偏差	10	用尺量
			与构件表面混凝土高差	0，−5	用尺量
11	预留孔	中心线位置偏移		5	用尺量测纵横两个方向的中心线位置，取其中较大值
		孔尺寸		± 5	用尺量测纵横两个方向尺寸，取其最大值

表 9-9（续）

项次	检查项目		允许偏差 /mm	检验方法
12	预留洞	中心线位置偏移	5	用尺量测纵横两个方向的中心线位置，取其中较大值
		洞口尺寸、深度	±5	用尺量测纵横两个方向尺寸，取其最大值
13	预留插筋	中心线位置偏移	3	用尺量测纵横两个方向的中心线位置，取其中较大值
		外露长度	±5	用尺量
14	吊环、木砖	中心线位置偏移	10	用尺量测纵横两个方向的中心线位置，取其中较大值
		留出高度	0，−10	用尺量
15	桁架钢筋高度		+5，0	用尺量

表 9-10　预制墙板类构件外形尺寸允许偏差及检验方法

项次	检查项目			允许偏差 /mm	检验方法
1	规格尺寸	高度		±4	用尺量两端及中间部，取其中偏差绝对值较大值
2		宽度		±4	用尺量两端及中间部，取其中偏差绝对值较大值
3		厚度		±3	用尺量板四角和四边中部位置共 8 处，取其中偏差绝对值较大值
4	对角线差			5	在构件表面，用尺量两对角线的长度，取其绝对值的差值
5	外形	表面平整度	内表面	4	用 2 m 靠尺安放在构件表面上，用楔形塞尺量测靠尺与表面之间的最大缝隙
			外表面	3	
6		侧向弯曲		L/1 000 且≤ 20	拉线，钢尺量最大弯曲处
7		扭翘		L/1 000	四对角线拉两条线，量测两线交点之间的距离，其值的 2 倍为扭翘值
8	预埋部件	预埋钢板	中心线位置偏移	5	用尺量测纵横两个方向的中心线位置，取其中较大值
			平面高差	0，−5	用尺紧靠在预埋件上，用楔形塞尺量测预埋件平面与混凝土面的最大缝隙
9		预埋螺栓	中心线位置偏移	2	用尺量测纵横两个方向的中心线位置，取其中较大值
			外露长度	+10，−5	用尺量

表 9-10（续）

项次	检查项目			允许偏差 /mm	检验方法
10	预埋部件	预埋套筒、螺母	中心线位置偏移	2	用尺量测纵横两个方向的中心线位置，取其中较大值
			平面高差	0，–5	用尺紧靠在预埋件上，用楔形塞尺量测预埋件平面与混凝土面的最大缝隙
11	预留孔	中心线位置偏移		5	用尺量测纵横两个方向的中心线位置，取其中较大值
		孔尺寸		± 5	用尺量测纵横两个方向尺寸，取其最大值
12	预留洞	中心线位置偏移		5	用尺量测纵横两个方向的中心线位置，取其中较大值
		洞口尺寸、深度		± 5	用尺量测纵横两个方向尺寸，取其最大值
13	预留插筋	中心线位置偏移		3	用尺量测纵横两个方向的中心线位置，取其中较大值
		外露长度		± 5	用尺量
14	吊环、木砖	中心线位置偏移		10	用尺量测纵横两个方向的中心线位置，取其中较大值
		与构件表面混凝土高差		0，–10	用尺量
15	键槽	中心线位置偏移		5	用尺量测纵横两个方向的中心线位置，取其中较大值
		长度、宽度		± 5	用尺量
		深度		± 5	用尺量
16	灌浆套筒及连接钢筋	灌浆套筒中心线位置		2	用尺量测纵横两个方向的中心线位置，取其中较大值
		连接钢筋中心线位置		2	用尺量测纵横两个方向的中心线位置，取其中较大值
		连接钢筋外露长度		+10，0	用尺量

表 9-11　预制梁柱桁架类构件外形尺寸允许偏差及检验方法

项次	检查项目			允许偏差 /mm	检验方法
1	规格尺寸	长度	＜ 12 m	± 5	用尺量两端及中间部，取其中偏差绝对值较大值
			≥ 12 m 且＜ 18 m	± 10	
			≥ 18 m	± 20	
2		宽度		± 5	用尺量两端及中间部，取其中偏差绝对值较大值

表 9-11（续）

项次	检查项目			允许偏差 /mm	检验方法
3	规格尺寸	厚度		± 5	用尺量板四角和四边中部位置共 8 处，取其中偏差绝对值较大值
4	表面平整度			4	用 2 m 靠尺安放在构件表面上，用楔形塞尺量测靠尺与表面之间的最大缝隙
5	侧向弯曲	梁柱		$L/750$ 且≤ 20	拉线，钢尺量最大弯曲处
		桁架		$L/1\ 000$ 且≤ 20	
6	预埋部件	预埋钢板	中心线位置偏移	5	用尺量测纵横两个方向的中心线位置，取其中较大值
			平面高差	0，−5	用尺紧靠在预埋件上，用楔形塞尺量测预埋件平面与混凝土面的最大缝隙
7		预埋螺栓	中心线位置偏移	2	用尺量测纵横两个方向的中心线位置，取其中较大值
			外露长度	+10，−5	用尺量
8	预留孔	中心线位置偏移		5	用尺量测纵横两个方向的中心线位置，取其中较大值
		孔尺寸		± 5	用尺量测纵横两个方向尺寸，取其最大值
9	预留洞	中心线位置偏移		5	用尺量测纵横两个方向的中心线位置，取其中较大值
		洞口尺寸、深度		± 5	用尺量测纵横两个方向尺寸，取其最大值
10	预留插筋	中心线位置偏移		3	用尺量测纵横两个方向的中心线位置，取其中较大值
		外露长度		± 5	用尺量
11	吊环	中心线位置偏移		10	用尺量测纵横两个方向的中心线位置，取其中较大值
		留出高度		0，−10	用尺量
12	键槽	中心线位置偏移		5	用尺量测纵横两个方向的中心线位置，取其中较大值
		长度、宽度		± 5	用尺量
		深度		± 5	用尺量
13	灌浆套筒及连接钢筋	灌浆套筒中心线位置		2	用尺量测纵横两个方向的中心线位置，取其中较大值
		连接钢筋中心线位置		2	用尺量测纵横两个方向的中心线位置，取其中较大值
		连接钢筋外露长度		+10，0	用尺量

（四）预制构件验收合格标准

（1）主控项目全部合格。

（2）一般项目应经检验合格且不应有影响结构安全、安装施工和使用要求的缺陷。

（3）一般项目中允许偏差项目的合格率大于或等于 80%，允许偏差不得超过最大限值的 1.5 倍，且没有出现影响结构安全、安装施工和使用要求的缺陷。

任务二 装配式混凝土结构工程施工质量验收

任务描述

装配式混凝土结构工程施工质量验收应按照《混凝土结构工程施工质量验收规范》（GB 50204—2015）的规定进行。本任务我们将学习装配式混凝土结构工程施工质量验收的相关知识。

任务分析

装配式结构工程应按混凝土结构子分部工程进行验收，当结构中部分采用现浇混凝土结构时，装配式结构部分可作为混凝土结构子分部的分项工程进行验收，现场施工的模板支设、钢筋绑扎、混凝土浇筑等内容应分别纳入模板、钢筋、混凝土、预应力混凝土等分项工程进行验收。混凝土结构子分部工程的划分如图 9-1 所示。

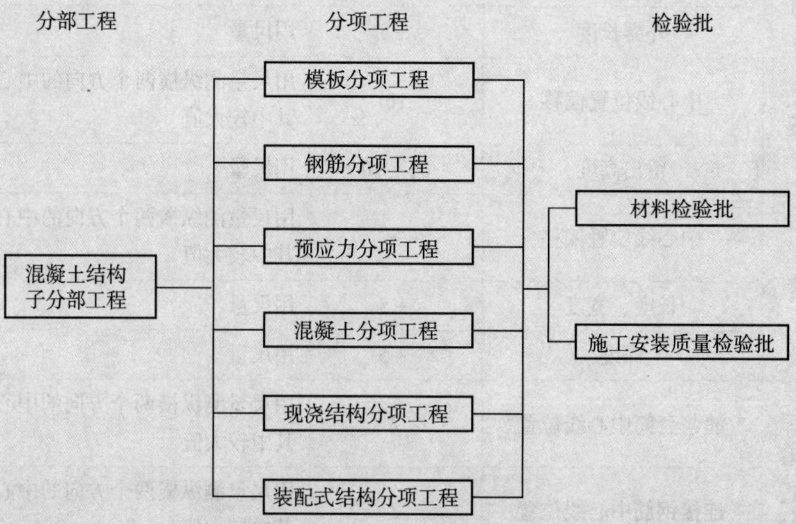

图 9-1 混凝土结构子分部工程的划分

任务实施

一、预制混凝土构件进场验收

（一）验收程序

预制构件进入施工现场后，施工单位应组织构件生产单位、监理单位对预制构件的质量进行验收，验收的内容包括质量证明文件验收、构件外观质量验收和结构性能验收。未经验收或验收不合格的预制构件，严禁使用。施工单位应对构件进行全数验收，监理单位对构件质量进行抽检，发现存在影响结构质量或安装安全的缺陷时，验收不通过。

（二）验收内容

1. 质量证明文件

预制构件进入施工现场时，构件生产单位应向施工单位提供构件的产品合格证、说明书、试验报告、隐蔽验收记录等质量证明文件。施工单位对证明文件的有效性进行检查，并根据质量证明文件核对构件。

2. 观感质量

在质量证明文件齐全、有效的情况下，对构件的外观质量、外形尺寸等进行验收。观感质量通过观察和简单测试确定，构件的观感质量由验收人员通过现场检查，并由验收人员共同确认，对影响观感及使用功能、质量评价不合格的地方进行修补。

观感质量验收内容及要求如下。

（1）观察构件的粗糙面质量、抗剪键槽尺寸和数量是否符合设计要求。粗糙面的粗糙度、粗糙面的面积比满足规范和设计要求，抗剪键槽的位置、尺寸、数量满足规范和设计要求。

（2）预制构件吊装预留吊环、预留焊接预埋件安装牢固、无松动。

（3）预制构件的外观不应有严重缺陷，对已经出现的严重缺陷，应按技术处理方案进行处理并重新检查验收。

（4）预制构件的预埋件、插筋及预留孔洞的规格、位置、数量应符合设计要求，对预留灌浆孔的贯通性进行检查。对影响安装及施工功能的缺陷，应按技术处理方案进行处理并重新检查验收。

（5）预制构件的尺寸应符合规范和设计要求，不应有影响结构性能和安装、使用功能的尺寸偏差。对超过尺寸允许偏差且影响结构性能和安装使用功能的部位，应按技术处理方案进行处理，并重新检查验收。

（6）预制构件的标识、编码要与实际构件一致，在构件的明显位置标明构件生产日期、构件型号、生产单位和验收合格标志。标识、编码可用油漆喷涂或自粘纸粘贴在构件表面。

3. 结构性能检验

在必要情况下，应按要求对构件进行结构性能检验，要求如下。

（1）梁板类简支受弯构件进场时应进行结构性能检验，并符合下列规定。

① 结构性能检验应符合现行国家相关标准的规定及设计要求，检验要求和试验方法符合《混凝土结构工程施工质量验收规范》（GB 50201—2015）的规定。

② 钢筋混凝土构件和允许出现裂缝的预应力混凝土构件应进行承载力、挠度和裂缝宽度检验，不允许出现裂缝的预应力混凝土构件应进行承载力、挠度和抗裂检验。

③ 对于大型构件及有可靠应用经验的构件，可只进行裂缝宽度、抗裂和挠度检验。

④ 对使用数量较少的构件，当能提供可靠依据时，可不进行结构性能检验。

⑤ 对多个工程共同使用的同类型预制构件，可以在多个工程的施工单位、监理单位见证下共同委托检测机构进行结构性能检验，其结果对多个工程共同有效。

（2）对于不可单独使用的叠合板预制底板，可不进行结构性能检验。对叠合梁构件，是否进行结构性能检验、结构性能检验的方式应根据设计要求确定。

（3）对于其他预制构件，除设计有专门要求之外，进场时可不做结构性能检验。

（4）对进场时不做结构性能检验的预制构件，应采取下列措施。

① 施工单位或监理单位代表应驻厂监督制作过程。

② 当无驻厂监督时，预制构件进场时应对预制构件主要受力钢筋数量，规格、间距及混凝土强度等进行实体检验。

同一类型（同一钢种、同一混凝土强度等级、同一生产工艺和同一结构形式）预制构件不超过 1 000 个为一批，每批随机抽取 1 个构件进行结构性能检验。抽取预制构件应在构件进场时进行，但为了检验方便，也可在各方参与下在预制构件生产场地进行，宜从设计荷载最大、受力最不利或生产数量最多的预制构件中抽取。

二、预制混凝土构件安装施工过程质量检验

（一）一般规定

为了保证工程质量，装配式混凝土结构安装施工质量控制主要从施工前的准备、原材料质量检验与施工试验、施工过程的工序检验、隐蔽工程验收、结构实体验收等多个方面进行。对装配式混凝土结构工程，质量验收要求如下。

（1）工程质量验收均应在施工单位自检合格的基础上进行。

（2）参加工程施工质量验收的各方人员均具备相应的资格。

（3）检验批的质量应按主控项目和一般项目验收。

（4）对涉及结构安全、节能、环境保护和主要施工功能的试块、构配件及材料，应在进场时或施工中按规定进行见证检验。

（5）隐蔽工程在隐蔽前由施工单位通知监理单位验收，并形成验收文件，验收合格后方可继续施工。

（6）工程的观感质量应由验收人员现场检查，共同确认。

（二）原材料质量检验与施工试验

除常规原材料检验和施工检验外，装配式混凝土结构应重点对灌浆料、钢筋套筒灌浆连接接头等进行检查验收。

1. 灌浆料

（1）质量标准：灌浆料性能应符合《钢筋连接用套筒灌浆料》（JG/T 408—2019）的有关规定，抗压强度应符合表 9-12 的要求，且不应低于接头设计要求的灌浆料抗压强度。灌浆料竖向膨胀率应符合表 9-13 的要求，灌浆料拌和物的工作性能应符合表 9-14 的要求。灌浆料最好采用与构件内预埋套筒相匹配的灌浆料，否则需要完成所有验证检验，并对结果负责。

表 9-12　灌浆料抗压强度要求

时间（龄期）/d	抗压强度 /MPa
1	≥ 35
3	≥ 60
28	≥ 85

表 9-13　灌浆料竖向膨胀率要求

项目	竖向膨胀率 /%
3 h	≥ 0.02
24 h 与 3 h 差值	0.02 ～ 0.50

表 9-14　灌浆料拌和物的工作性能要求

项目		工作性能要求
流动度 /mm	初始	≥ 300
	30 min	≥ 260
泌水率 /%		0

（2）检验要求。

检验方法：产品合格证、型式检验报告、进场复试报告。

检验数量：在 15 d 内生产的同配方、同批号原材料的产品应以 50 t 为一生产批号，不足 50 t 的，作为一个批号。一个批号原材料从多个部位取等量样品，样品总量不应少于 30 kg，做抗压强度、流动度、竖向膨胀率试验，试验报告如表 9-15 所示。

表 9-15　灌浆料试验报告

<table>
<tr><td colspan="2">委托单位</td><td></td><td>报告编号</td><td></td></tr>
<tr><td colspan="2">样品名称</td><td>灌浆料</td><td>检测编号</td><td></td></tr>
<tr><td colspan="2">工程名称</td><td></td><td>工程部位</td><td></td></tr>
<tr><td colspan="2">生产厂家</td><td></td><td>规格等级</td><td></td></tr>
<tr><td colspan="2">检测类型</td><td>委托检测</td><td>样品数量</td><td>1 组</td></tr>
<tr><td colspan="2">检测设备</td><td>砂浆搅拌机、钢直尺、压力试验机、电子天平、比长仪</td><td>检测性质</td><td></td></tr>
<tr><td colspan="2">检测地点</td><td></td><td>样品状态</td><td>粉状</td></tr>
<tr><td colspan="2">实验室地址</td><td></td><td>送样日期</td><td>年　月　日</td></tr>
<tr><td colspan="2">检测依据</td><td>《钢筋连接用套筒灌浆料》（JG/T 408—2019）</td><td>检测日期</td><td>年　月　日</td></tr>
<tr><td colspan="2">检测项目</td><td>性能指标</td><td>检测结果</td><td>单向评定（合格 / 不合格）</td></tr>
<tr><td rowspan="2">流动度 /mm</td><td>初始</td><td>≥ 300</td><td></td><td></td></tr>
<tr><td>30 min</td><td>≥ 260</td><td></td><td></td></tr>
<tr><td rowspan="3">抗压强度 /MPa</td><td>1 d</td><td>≥ 35</td><td></td><td></td></tr>
<tr><td>3 d</td><td>≥ 60</td><td></td><td></td></tr>
<tr><td>28 d</td><td>≥ 85</td><td></td><td></td></tr>
<tr><td colspan="2">检测项目</td><td>性能指标</td><td>检测结果</td><td>单向评定（合格 / 不合格）</td></tr>
<tr><td rowspan="2">竖向膨胀率 /%</td><td>3 h</td><td>≥ 0.02</td><td></td><td></td></tr>
<tr><td>24 h 与 3 h 差值</td><td>0.02 ～ 0.50</td><td></td><td></td></tr>
<tr><td colspan="2">以下空白</td><td></td><td></td><td></td></tr>
<tr><td colspan="2"></td><td></td><td></td><td></td></tr>
<tr><td colspan="2">综合结论</td><td colspan="3">该样品依据《钢筋连接用套筒灌浆料》（JG/T 408—2019）检测，所检项目合格</td></tr>
<tr><td colspan="2">检测说明</td><td colspan="3">用水量：每千克灌浆料加 170 mL 水。
见证单位：　　　　见证人：　　　委托人：
检测结果仅对委托来样负技术责任</td></tr>
</table>

批准：　　　审核：　　　主检：　　　检测单位：（盖章）　　　签发日期：　年　月　日

2. 灌浆料试块

施工现场灌浆施工中，应同时在灌浆地点制作灌浆料试块，每工作班取样不得少于1次，每楼层取样不得少于3次。每次抽取1组试件做标准养护，每组试件3个试块，试块规格为40 mm × 40 mm × 160 mm，标准养护28 d后，做抗压强度试验，抗压强度应不小于85 MPa，并应符合设计要求。灌浆料试块试验报告见表9-16。

表9-16 灌浆料试块试验报告

委托单位		报告编号	
样品名称	灌浆料试块	检测编号	
工程名称		工程部位	
生产厂家		规格等级	40 mm × 40 mm × 160 mm
检测类型	委托检测	样品数量	1组
检测设备	压力试验机	检测性质	
检测地点		样品状态	块状
实验室地址		送样日期	年 月 日
检测依据	《钢筋连接用套筒灌浆料》（JG/T 408—2019）	检测日期	年 月 日
检测项目	性能指标	检测结果	单向评定（合格 / 不合格）
抗压强度 /MPa 1 d	≥ 35		
抗压强度 /MPa 3 d	≥ 60		
抗压强度 /MPa 28 d	≥ 85		
检测项目	性能指标	检测结果	单向评定（合格 / 不合格）
以下空白			
综合结论	该样品依据《钢筋连接用套筒灌浆料》（JG/T 408—2019）检测，所检项目合格		
检测说明	试块制作日期： 年 月 日 见证单位： 见证人： 委托人： 检测结果仅对委托来样负技术责任		

批准： 审核： 主检： 检测单位：（盖章） 签发日期： 年 月 日

3. 钢筋套筒灌浆连接接头

（1）工艺检验。灌浆料检验合格后，在灌浆施工前，对不同钢筋生产企业进场的钢筋进行接头工艺检验。施工过程中，当更换钢筋生产企业或同生产企业生产的钢筋外形尺寸与已完成工艺检验的钢筋有较大差异或灌浆的施工单位变更时，应再次进行工艺检验。每种规格钢筋应制作3个对中套筒灌浆连接接头，并应检查灌浆质量。采用灌浆料拌和物制作的 40 mm × 40 mm × 160 mm 试件不少于 1 组。

（2）施工检验。施工过程中，应按照同一原材料、同一炉（批）号、同一类型、同一规格的 1 000 个灌浆套筒为一个检验批，每批随机抽取 3 个灌浆套筒制作接头。接头试件应在标准养护条件下养护 28 d 后进行抗拉强度检验，每个接头试件的抗拉强度不应小于连接钢筋抗拉强度标准值，且破坏时应断于接头外钢筋处，屈服强度不应小于连接钢筋屈服强度标准值；3 个接头试件残余变形的平均值不应大于 0.10 mm（钢筋直径不大于 32 mm）或 0.14 mm（钢筋直径大于 32 mm），灌浆料抗压强度应不小于 85 MPa。钢筋套筒灌浆连接接头试验报告如表 9-17 所示。

表 9-17　钢筋套筒灌浆连接接头试验报告

<table>
<tr><td colspan="3">委托单位</td><td colspan="5"></td><td colspan="3">报告编号</td><td colspan="3"></td></tr>
<tr><td colspan="3">样品名称</td><td colspan="5">钢筋套筒连接</td><td colspan="3">委托日期</td><td colspan="3">年　月　日</td></tr>
<tr><td colspan="3">样品状态</td><td colspan="5"></td><td colspan="3">检测日期</td><td colspan="3">年　月　日</td></tr>
<tr><td colspan="3">工程名称</td><td colspan="5"></td><td colspan="3">检测性质</td><td colspan="3"></td></tr>
<tr><td colspan="3">检测设备</td><td colspan="5"></td><td colspan="3">检测类别</td><td colspan="3">委托检测</td></tr>
<tr><td colspan="3">实验室地址</td><td colspan="5"></td><td colspan="3">检测地点</td><td colspan="3"></td></tr>
<tr><td colspan="3">检测依据</td><td colspan="5"></td><td colspan="3"></td><td colspan="3"></td></tr>
<tr><td>试件编号</td><td>接头个数</td><td>接头等级</td><td>钢筋牌号</td><td>直径/mm</td><td>面积/mm²</td><td>生产厂家</td><td>工程部位</td><td>连接形式</td><td>连接目的</td><td>残余应变/mm</td><td>极限强度/MPa</td><td>伸长率/%</td><td>断裂特征</td></tr>
<tr><td></td><td></td><td></td><td></td><td></td><td></td><td></td><td></td><td></td><td></td><td></td><td></td><td></td><td></td></tr>
<tr><td colspan="3">结论</td><td colspan="11"></td></tr>
<tr><td colspan="3">检测说明</td><td colspan="11">见证单位：　　　　　　　　　　见证人：　　　　委托人：
检测结果仅对委托来样负技术责任</td></tr>
</table>

批准：　　　　审核：　　　　主检：　　　　检测单位：（盖章）　　　　签发日期：　　年　月　日

4. 坐浆料试块

预制墙板与下层现浇构件接缝采用坐浆料处理时，应按照设计单位提供的配合比制作坐浆料试块，每工作班取样不得少于 1 次，每次制作不少于 1 组试件，每组 3 个试块，试块规格为 40 mm × 40 mm × 160 mm，标准养护 28 d 后，做抗压强度试验。28 d 标准养护试块抗压强度应满足设计要求，并高于预制剪力墙混凝土抗压强度 10 MPa 以上，且不应低于 40 MPa。当接缝灌浆与套筒灌浆同时施工时，可不再单独留置抗压试块。

（三）施工过程中的工序检验

装配式混凝土结构施工过程主要涉及模板与支撑、钢筋、混凝土和预制构件安装四个分项工程。模板与支撑、钢筋、混凝土分项工程的检验要求除了满足一般现浇混凝土结构的检验要求外，还应满足装配式混凝土结构的质量检验要求。

1. 模板与支撑

（1）主控项目。预制构件安装临时固定支撑应稳固、可靠，符合设计、专项施工方案要求及相关技术标准要求。对模板和支撑全数观察检查，检查施工记录或设计文件。

（2）一般项目。装配式混凝土结构中后浇混凝土结构模板安装允许偏差及检验方法应符合表 9-18 的要求。

表 9-18　后浇混凝土结构模板安装允许偏差及检验方法

项目		允许偏差 /mm	检验方法
轴线位置		5	尺量检查
底模上表面标高		±5	水准仪或拉线、尺量检查
截面内部尺寸	柱、梁	+4，−5	尺量检查
	墙	+4，−3	尺量检查
层高垂直度	层高不大于 5 m	6	经纬仪或吊线、尺量检查
	层高大于 5 m	8	经纬仪或吊线、尺量检查
相邻两板表面高低差		2	尺量检查
表面平整度		5	2 m 靠尺和塞尺检查

在同一检验批内，对梁和柱，应抽查构件数量的 10%，且不少于 3 件；对墙和板，应按有代表性的自然间抽查 10%，且不少于 3 间。

2. 钢筋

装配式混凝土结构中，后浇混凝土中连接钢筋、预埋件安装位置允许偏差及检验方法应符合表 9-19 的规定。

表 9-19　连接钢筋、预埋件安装位置允许偏差及检验方法

项目		允许偏差 /mm	检验方法
连接钢筋	中心线位置	5	尺量检查
	长度	±10	尺量检查
灌浆套筒	中心线位置	2	宜用专用定位模具整体检查
	长度	3，0	尺量检查
安装用预埋件	中心线位置	3	尺量检查
	水平偏差	3，0	尺量或塞尺检查
斜支撑预埋件	中心线位置	±10	尺量检查
普通预埋件	中心线位置	5	用尺量纵横两个方向偏差，并取其中最大值
	水平偏差	3，0	尺量或塞尺检查

在同一检验批内，对梁和柱，应抽查构件数量的10%，且不少于3件；对墙和板，应按有代表性的自然间抽查10%，且不少于3间。

3. 混凝土

（1）主控项目。

① 装配式混凝土结构安装连接节点和连接接缝部位的后浇混凝土强度应符合设计要求。每工作班同一配合比的混凝土取样不得少于1次，每次取样至少留置1组标准养护试块，同条件养护试块的留置组数宜根据实际需要确定。通过检查施工记录及试件强度试验报告进行检验。

② 装配式混凝土结构后浇混凝土的外观质量不应有严重缺陷。对已经出现的严重缺陷，应由施工单位提出技术处理方案，并经监理（建设）单位认可后处理。对处理后的部位，应重新检查验收。

检验方法：观察检查全部构件，并检查技术处理方案。

（2）一般项目。

装配式混凝土结构后浇混凝土的外观质量不宜有一般缺陷，对已经出现的一般缺陷，应由施工单位按技术处理方案处理，并重新检查验收。

检验方法：全数观察检查构件外观，检查技术处理方案。

4. 预制构件安装

（1）主控项目。

① 对于工厂生产的预制构件，进场时应全数检查其质量证明文件和表面标识，预制构件的质量、标识应符合设计要求及现行国家相关标准的规定。

② 预制构件安装就位后，全数检查构件安装偏差尺寸，连接钢筋、套筒或浆锚的主要传力部位不应出现影响结构性能和构件安装施工的尺寸偏差。对已经出现的影响结构性能的尺寸偏差，应由施工单位提出技术处理方案，并经监理（建设）单位许可后处理，对处理后的部位，应重新检查验收。

③ 预制构件安装完成后，观察外观，检查技术处理方案，外观质量不应有影响结构性能的缺陷，对已经出现的影响结构性能的缺陷，应由施工单位提出技术处理方案，并经监理（建设）单位认可后处理，经过处理的部位，应重新检查验收。

④ 预制构件与主体结构之间、预制构件与预制构件之间的钢筋接头应符合设计要求，施工前对接头施工进行工艺检验。

采用机械连接时，接头质量应符合《钢筋机械连接技术规程》（JGJ 107—2016）的要求；采用灌浆套筒时，接头抗拉强度及残余变形应符合《钢筋机械连接技术规程》（JGJ 107—2016）中Ⅰ级接头的要求；采用浆锚搭接连接钢筋时，浆锚搭接连接接头的工艺检验应按有关规范执行。

采用焊接连接时，接头质量应符合《钢筋焊接及验收规程》（JGJ 18—2012）的要求，检查焊接产生的焊接应力和温差是否造成预制构件出现影响结构性能的缺陷，对已经出现的缺陷，应处理合格后，再进行混凝土的浇筑。

⑤ 灌浆套筒进场时，应抽取套筒采用与之匹配的灌浆料制作对中连接接头，并做抗拉强度检验，检验结果应符合《钢筋机械连接技术规程》（JGJ 107—2016）中Ⅰ级接头对抗拉强度的要求。接头的抗拉强度不小于连接钢筋抗拉强度标准值，且破坏时应断于接头外钢筋处。同一原材料、同一炉（批）号、同类型、同一规格的灌浆套筒，检验批量不应大于 1 000 个，每批随机抽取 3 个灌浆套筒制作接头，并应制作不少于 1 组规格为 40 mm × 40 mm × 160 mm 的灌浆料强度试件。

灌浆套筒进场时，应抽取试件检验外观质量和尺寸偏差，检验结果应符合《钢筋连接用灌浆套筒》（JG/T 398—2019）的有关规定。同一原材料、同一炉（批）号、同类型、同一规格的灌浆套筒，检验批量不应大于 1 000 个，每批随机抽取 10 个灌浆套筒。

⑥ 灌浆料进场时，应对其拌和物 30 min 流动度、泌水率及 1 d 强度、28 d 强度、3 h 膨胀率进行检验，检验结果应符合《钢筋连接用套筒灌浆料》（JG/T 408—2019）和设计的有关规定。

施工现场灌浆施工中，灌浆料的 28 d 抗压强度应符合设计要求及《钢筋连接用套筒灌浆料》（JG/T 408—2019）的规定，用于检验强度的试件应在灌浆地点制作。每工作班取样不得少于 1 次，每楼层取样不得少于 3 次，每次抽取 1 组试件，每组 3 个试块，试块规格为 40 mm × 40 mm × 160 mm，标准养护 28 d 后，做抗压强度试验。

⑦ 后浇连接部分的钢筋品种、级别、规格、数量和间距符合设计要求，预制构件外墙板与构件、配件的连接应牢固、可靠，连接节点的防腐、防锈、防火和防水构造措施应满足设计要求。

⑧ 承受内力的接头和拼缝，当其混凝土强度未达到设计要求时，不得吊装上一层结构构件；当设计无具体要求时，应在混凝土强度不小于 10 MPa 或具有足够的支撑时，方可吊装上一层结构构件。已安装完毕的装配式混凝土结构，应在混凝土强度达到设计要求后，方可承受全部荷载。

⑨ 装配式混凝土结构预制构件连接接缝处防水材料应符合设计要求，并具有合格证、厂家检测报告及进场复试报告。

（2）一般项目。

① 预制构件外观不宜有一般缺陷。

② 预制构件安装的尺寸允许偏差及检验方法应符合表 9-20 的要求，对于施工临时使

用的预埋件中心线位置及后浇混凝土部位的预制构件尺寸偏差，可按表 9-20 规定放大 1 倍执行。

表 9-20 预制构件安装尺寸允许偏差及检验方法

项目			允许偏差 /mm	检验方法
构件中心线对轴线位置	基础		15	经纬仪及尺量
	竖向构件（柱、墙、桁架）		8	
	水平构件（梁、板）		5	
构件标高	梁、柱、墙、板底面或顶面		+5	水准仪或拉线、尺量
构件垂直度	柱、墙	≤ 6 m	5	经纬仪或吊线、尺量
		＞ 6 m	10	
构件倾斜度	梁、桁架		5	经纬仪或吊线、尺量
相邻构件平整度	板端面		5	2 m 靠尺和塞尺量测
	梁、板底面	外露	3	
		不外露	5	
	柱、墙侧面	外露	5	
		不外露	8	
构件搁置长度	梁、板		± 10	尺量
支座、支垫中心位置	板、梁、柱、墙、桁架		10	尺量
墙板接缝	宽度		± 5	尺量

③ 装配式混凝土结构安装完毕后，预制构件安装尺寸允许偏差及检验数量：按楼层、结构缝或施工段划分检验批，在同一检验批内，对梁、柱，应抽查构件数量的 10%，且不少于 3 件；对墙和板，应按有代表性的自然间抽查 10%，且不少于 3 间；对大空间结构、墙，可按相邻轴线间高度 5 m 左右划分检查面，板可按纵、横轴线划分检查面，抽查 10%，且均不少于 3 面。

④ 装配式混凝土结构预制构件的防水节点构造做法应符合设计要求，建筑节能工程进场材料和设备的复验报告、项目复试要求，应按有关规范规定执行。

（四）隐蔽工程验收

装配式混凝土结构工程应在安装施工及浇筑混凝土前完成下列隐蔽项目验收。

（1）预制构件与预制构件之间、预制构件与主体结构之间的连接。

（2）预制构件与后浇混凝土结构连接处混凝土粗糙面的质量或键槽的数量、位置。

（3）后浇混凝土中钢筋的牌号、规格、数量、位置。

（4）钢筋连接方式、接头位置、接头数量、接头面积百分率、搭接长度、锚固方式、锚固长度。

（5）结构预埋件、螺栓连接、预留专业管线的数量与位置。

构件安装完成后，在对预制混凝土构件拼缝进行封闭处理前，应对接缝的防水、防火等构造做法进行现场验收。

（五）结构实体验收

根据《建筑工程施工质量验收统一标准》（GB 50300—2013）的规定，在混凝土结构子分部工程验收前应进行结构实体检验。对结构实体进行检验，并不是在子分部工程验收前的重新检验，而是在相应分项工程验收合格的基础上，对涉及结构安全的重要部位进行的验证性检验，其目的是强化混凝土结构的施工质量验收，真实反映结构混凝土强度、受力钢筋位置、结构位置与尺寸等质量指标，确保结构安全。

对于装配式混凝土结构工程，对涉及混凝土结构安全的有代表性的连接部位及进场的混凝土预制构件应做实体检验。结构实体检验分现浇和预制两部分，包括混凝土强度、钢筋直径、间距、混凝土保护层厚度及结构位置与尺寸偏差。当工程合同有约定时，可根据合同确定其他检验项目和相应的检验方法、检验数量、合格条件。

结构实体检验应由监理工程师组织并见证，混凝土强度、钢筋保护层厚度应由具有相应资质的检测机构完成，结构位置与尺寸偏差可由专业检测机构完成，也可由监理单位组织施工单位完成。为保证结构实体检验的可行性、代表性，施工单位应编制结构实体检验专项方案，并经监理单位审核批准后实施。结构实体混凝土同条件养护试件强度检验的方案应在施工前编制，其他检验方案应在检验前编制。

装配式混凝土结构位置与尺寸偏差检验同现浇混凝土结构；混凝土强度、钢筋保护层厚度的检验，后浇混凝土结构同现浇混凝土结构，不进行结构性能检验的预制构件部位同现浇混凝土结构，进行结构性能检验的预制构件部分可不进行。

混凝土强度检验宜采用同条件养护试块或钻芯取样方法，也可采用非破损方法。

当混凝土强度及钢筋直径、间距，混凝土保护层厚度不满足设计要求时，应委托具有资质的检测机构按现行国家有关标准的规定做检测鉴定。

三、装配式混凝土结构子分部工程验收

（一）装配式混凝土结构子分部工程质量验收合格标准

（1）预制混凝土构件安装及其他有关分项工程施工质量验收合格。

（2）质量控制资料完整，符合要求。

（3）观感质量验收合格。

（4）结构实体验收满足设计或标准要求。

（二）验收程序

根据《建筑工程施工质量验收统一标准》（GB 50300—2013）的规定，混凝土分部工程验收由总监理工程师组织施工单位项目负责人和项目技术、质量负责人进行验收。当主体结构验收时，设计单位项目负责人，施工单位技术、质量部门负责人应参加，鉴于装配式结构工程采用时间不长，各地区应对验收程序提出更严格的要求，要求建设单位组织设计、施工、监理和预制构件生产企业共同验收并形成验收意见，对规范中未包含的验收内容，应组织专家论证验收。

（三）验收时应提供的资料

（1）施工图设计文件。

（2）工程设计单位确认的预制构件深化设计图，设计变更文件。

（3）装配式混凝土结构工程所用各种材料、连接件及预制混凝土构件的产品合格证书、性能测试报告、进场验收记录和复试报告。

（4）装配式混凝土工程专项施工方案。

（5）预制构件安装施工验收记录。

（6）钢筋套筒灌浆或钢筋浆锚搭接连接的施工检验记录。

（7）隐蔽工程检查验收文件。

（8）后浇筑节点的混凝土、灌浆料、坐浆材料强度检测报告。

（9）外墙淋水试验、喷水试验记录，卫生间等有防水要求的房间蓄水试验记录。

（10）分项工程验收记录。

（11）装配式混凝土结构实体检验记录。

（12）工程的重大质量问题的处理方案和验收记录。

（13）其他质量保证资料。

（四）验收不合格处理

（1）经返工、返修或更换构件、部件的检验批，应重新进行验收。

（2）经有资质的检测机构检测鉴定能够达到设计要求的检验批，应予以验收。

（3）经有资质的检测机构检测鉴定达不到设计要求，但经原设计单位核算并认为能够满足结构安全和使用功能的检验批，可予以验收。

（4）经返修或加固处理能够满足结构安全和使用功能的分项工程，可按技术处理方案和协商文件的要求予以验收。

拓展阅读

装配式建筑评价

《中共中央 国务院关于进一步加强城市规划建设管理工作的若干意见》《国务院办公厅关于大力发展装配式建筑的指导意见》（国办发〔2016〕71号）明确提出发展装配式建筑，装配式建筑进入快速发展阶段。为推进装配式建筑健康发展，亟须构建一套适合我国国情的装配式建筑评价体系，对其实施科学、统一、规范的评价。

按照“立足当前实际，面向未来发展，简化评价操作”的原则，《装配式建筑评价标准》（GB/T 51129—2017）主要从建筑系统及建筑的基本性能、使用功能等方面提出装配式建筑评价方法和指标体系。评价内容和方法的制定结合了目前工程建设整体发展水平，并兼顾了远期发展目标。设定的评价指标具有科学性、先进性、系统性、导向性和可操作性。

基本规定如下。

（1）装配率是指单体建筑室外地坪以上的主体结构、围护墙和内隔墙、装修和设备管线等采用预制部品部件的综合比例。

（2）装配率计算和装配式建筑等级评价应以单体建筑作为计算和评价单元，并应符合下列规定。

① 单体建筑应按项目规划批准文件的建筑编号确认。

② 建筑由主楼和裙房组成时，主楼和裙房可按不同的单体建筑进行计算和评价。

③ 单体建筑的层数不大于3层，且地上建筑面积不超过500 m^2 时，可由多个单体建筑组成建筑组团作为计算和评价单元。

（3）装配式建筑评价应符合下列规定。

① 设计阶段宜进行预评价，并应按设计文件计算装配率。

② 项目评价应在项目竣工验收后进行，并应按竣工验收资料计算装配率和确定评价等级。

（4）装配式建筑应同时满足下列要求。

① 主体结构部分的评价分值不低于20分。

② 围护墙和内隔墙部分的评价分值不低于10分。

③ 采用全装修。

④ 装配率不低于50%。

（5）评价等级划分。

① 当评价项目满足（4）的规定，且主体结构竖向构件中预制部品、部件的应用比例不低于35%时，可进行装配式建筑等级评价。

②装配式建筑评价等级应划分为 A 级、AA 级、AAA 级，并应符合下列规定：

装配率为 60%～75% 时，评价为 A 级装配式建筑。

装配率为 76%～90% 时，评价为 AA 级装配式建筑。

装配率为 91% 及以上时，评价为 AAA 级装配式建筑。

（6）装配式建筑宜采用装配化装修。

项目小结

本项目介绍了装配式建筑质量验收的相关内容。验收是保证装配式建筑质量的重要环节，需要建设单位、监理单位、施工单位等各方共同努力，确保建筑质量的安全和可靠。通过本项目的学习，读者在掌握验收内容和方法后，应能正确对构件生产过程、构件生产成品、构件安装施工过程和安装施工后分部分项实体进行验收，对验收不合格的产品进行处理。

项目工单

一、任务名称

测量其构件质量并进行验收。

二、任务描述

在实训室，取一个预制剪力墙，测量其构件质量并进行验收，并将验收结果写下来，判断该构件是否合格。

1. 主控项目

____

____

____

____

2. 一般项目

高度偏差：__________ 宽度偏差：__________

厚度偏差：__________ 对角线差：__________

内表面平整度：__________ 外表面平整度：__________

侧向弯曲：__________ 扭翘：__________

预埋钢板中心线位置偏移：__________

预埋钢板平面高差：________________

预埋螺栓中心线位置偏移：________________

预埋螺栓外露长度：________________

预埋套筒、螺母中心线位置偏移：________________

预埋套筒、螺母平面高差：________________

预留插筋中心线位置偏移：________________

预留插筋外露长度：________________

灌浆套筒中心线位置：________________

连接钢筋中心线位置：________________

连接钢筋外露长度：________________

判断是否合格结论：________________________________

是否合格的原因是：________________________________

三、分组讨论

以 3 ～ 5 人为一组，选出组长并进行任务分工，将小组成员及分工情况填入表 9-21 中。

表 9-21　小组成员及分工情况

班级：　　　　　　　　组号：　　　　　　　　指导教师：

小组成员	姓名	学号	任务分工
组长			
组员			

四、任务思考

1. 预制构件的验收合格标准是什么？

2. 预制墙板类构件的对角线差如何测量？

五、实施过程

按实际操作过程，将实施内容、遇到的问题及解决办法等记录于表 9-22 中。

表 9-22　工作实施过程记录表

序号	实施内容	遇到的问题及解决办法	结果

六、任务评价

各组展示任务完成情况，并完成考核评价表（表 9-23）。

表 9-23　考核评价表

项目名称	评价内容	满分 / 分	评分 / 分		
			自评	互评	师评
职业素养考核项目	考勤、纪律意识	10			
	团队交流与合作意识	10			
	参与主动性	10			
专业能力考核项目	积极参与教学活动并正确理解任务要求	10			
	认真查找与任务相关的资料	10			
	对构件质量验收的了解程度	10			
	对任务参与的完整度	20			
	独立完成相应任务的程度	20			
合计		100			
总评	自评（20%）+ 互评（20%）+ 师评（60%）=	综合等级	指导教师（签名）：		

课 后 练 习

一、填空题

1. 预制构件生产前，生产单位应当就构件生产制作过程________、________关键部位的施工工艺向工人进行技术交底。

2. 模具上的预埋螺栓的中心位置偏差测量方法是用尺量测纵横两个方向的中心线位置，取其中________。

3. 同一工艺正常生产的不超过________件且不超过________个月的